Bibliotheca Mycologica Band 184

Ira Marquarding

Endophytische Pilze aus *Trifolium repens* L. mit besonderer Berücksichtigung isolierter Hefen und deren taxonomischer Einordnung

mit 22 Abbildungen und 15 Tabellen im Text und Anhang

J. CRAMER in der Gebr. Borntraeger Verlagsbuchhandlung
BERLIN · STUTTGART 2000

Herausgeber Prof. Dr. A. Bresinsky, Regensburg
Prof. Dr. H. Butin, Braunschweig
Prof. Dr. H.O. Schwantes, Gießen

Anschrift der Autorin:

Ira Winkelmann (geb. Marquarding)
Beverbecker Str. 18
D-29553 Bienenbüttel

Gedruckt auf alterungsbeständigem Papier nach ISO 9706-1994
Printed in Germany by strauss offsetdruck gmbh, D-69509 Mörlenbach

ISSN 0067-8066
ISBN 3-443-59086-1

Wie sich alles zum Ganzen webt,
eins in dem andern wirkt und lebt.

– J.W. Goethe –

Vorabveröffentlichungen der Dissertation

Teilergebnisse aus dieser Arbeit wurden mit Genehmigung der Gemeinsamen Naturwissenschaftlichen Fakultät, vertreten durch den Mentor, in folgenden Beiträgen vorab veröffentlicht:

Tagungsbeiträge

Lopandic, K., Prillinger, H., Marquarding, I., Evans, H.C., Hagedorn, G. & Bauer, R. (1995):
Comparative study of the cell wall carbohydrate composition of basidiomycetous yeasts. (Poster) 50jähriges Jubiläum des Institutes für Angewandte Mikrobiologie der Universität für Bodenkultur, Wien.

Marquarding, I. (1996):
Endophytische Basidiomycetenhefen – eine einheitliche Mikroorganismengruppe? (Vortrag) Tagung der Gesellschaft für Mykologie und Lichenologie, Düsseldorf.

Inhaltsverzeichnis

Abbildungsverzeichnis

Tabellenverzeichnis

Verwendete Abkürzungen

Das Verzeichnis enthält sämtliche verwendete Abkürzungen, soweit diese nicht im DUDEN Bd.1, Dudenverlag, Mannheim/Wien/Zürich, 1986, aufgeführt sind.

AFE	Alkohol–Formaldehyd–Eisessig–Fixierer
aqua dest.	destilliertes Wasser
BBA	Biologische Bundesanstalt für Land– und Forstwirtschaft
bidest.	bidestilliert
bp	Basenpaar/e
CBS	Centraalbureau voor Schimmelcultures
cDNA	chromosomale Desoxyribonucleinsäure
CPT	Kritisch–Punkt–Trocknung
C–Quelle	Kohlenstoffquelle
DAPI	4,6-Diamidino-2-phenylindol
dATP	2-Desoxyadenosin-5-triphosphat
DBB	Diazoniumblau B
dCTP	2-Desoxycytidin-5-triphosphat
dGTP	2-Desoxyguanosin-5-triphosphat
DNA	Desoxyribonucleinsäure
dNTP	2-Desoxynucleosid-5-triphosphat
DSMZ	Deutsche Sammlung für Mikroorganismen und Zellkulturen
dTTP	2-Desoxythymidin-5-triphosphat
EDTA	Ethylendiamintetraessigsäure
et al.	und andere
EtBr.	Ethidiumbromid
EtOH	Ethanol
FDA	Fluoresceindiacetat
GPY	Glucose–Pepton–Hefeextrakt
HF	Hauptfruchtform, Teleomorph
IGS	nichttransscribierter spacer
ITS	intern transscribierter spacer
ITS–Gesamtfragment	mit ITS-1/-4 Primern erhaltenes PCR–Produkt
kb	Kilobasenpaar/e
KM–Agar	Kartoffel–Möhren–Agar
KNOP	Knop'sche Nährlösung

M–Agar	Maismehl–Agar
ME–Agar	Malzextrakt–Agar
mol/l	Mol pro Liter
NaOCl	Natriumhypochlorid
n. e.	nicht eindeutig identifiziert
NF	Nebenfruchtform, Anamorph
PBS	Phosphat–Puffer
PCR	Polymerase–Kettenreaktion
PD–Agar	Kartoffel–Glucose–Agar
pers.	persönliche
RAPD	zufällig amplifizierte polymorphe DNA
rDNA	ribosomale Desoxyribonucleinsäure
RFLP	Restriktionslängenpolymorphismus
SDS	Natriumdodecylsulfat
SEM	Sekundärelektronenmikroskop
SN–Agar	Synthetischer Nähr–Agar
SSU	kleine Untereinheit
Tab.	Tabelle
TAE	Trisacetat–EDTA
TNE	Tris–HCl–Natriumchlorid–EDTA
Tris–HCl	Tris–[hydroxymethyl]–aminomethan–Hydrochlorid
TU BS	Pilzsammlung der Arbeitsgruppe
U	Unit, Einheit
UPGMA	Methode eines ungewichteten paarweisen Vergleiches mit arithmetischer Durchschnittsberechnung
Upm	Umdrehungen pro Minute
(v)	Verschiedenheit
WPGMA	Methode eines gewichteten paarweisen Vergleiches mit arithmetischer Durchschnittsberechnung
YCB	Nitratfreies Basismedium
YNB	Kohlenstoffreies Basismedium

Zeichen:

°C	Grad Celsius
$\downarrow$	Schnittstelle eines Restriktionsenzyms
ϕ	Durchmesser

1 Einleitung

Für das Zusammenleben „ungleichnamiger Organismen“ prägte de Bary bereits 1879 den Begriff Symbiose (Schulz et al., 1998). Die Koexistenz beider Partner kann dabei sehr unterschiedliche Formen annehmen und zu den verschiedensten Vor– bzw. Nachteilen eines jeweiligen Partners führen. So kennt man sowohl für Pflanzen pathogene, d. h. krankheitserregende Pilze als auch solche, wie z. B. Mycorrhiza–Pilze, die vielen Pflanzen Wachstum in bestimmten Habitaten erst ermöglichen. Pflanzen werden sowohl epi– als auch endophytisch von Pilzen besiedelt.

Fast alle bisher untersuchten Blütenpflanzen beherbergen endophytische Organismen (Petrini, 1996). So galt es zunächst festzustellen, ob und welche pilzlichen Endophyten in der wichtigen Kulturpflanze Klee vorkommen. Da Pilze und ihre Inhaltsstoffe sowohl Einfluß auf das Pflanzenwachstum als auch auf den Schutz der Pflanze haben können (Cunningham et al., 1993), sind Erkenntnisse aus den Untersuchungen zu Endophyten nicht nur für die Landwirtschaft von Interesse.

Die vorliegende Untersuchung beschäftigte sich vorwiegend mit endophytischen Interaktionen zwischen Mycel– bzw. Hefepilzen und der Wirtspflanze Klee. Taxonomische Einordnungen der Pilzisolate bildeten einen Themenschwerpunkt.

1.1 Was sind Endophyten?

1.1.1 Definition

Erstmals wurde der Begriff Endophyt von de Bary für „pflanzenbewohnende Parasiten“ verwendet, die ganz oder teilweise das Innere von Pflanzen bewohnen. Er stellte sie den „epiphyte[n] Schmarotzer[n]“ gegenüber, welche nur die Oberflächen besiedeln (de Bary, 1866). Nach Petrinis Definition (1991) versteht man heute unter Endophyten Mikroorganismen, die in einem bestimmten Abschnitt ihres Lebenszyklus inneres Pflanzengewebe besiedeln können, ohne sichtbare Krankheitssymptome hervorzurufen. Hiernach kann es sich bei Endophyten auch um Organismen handeln, die zeitweise epiphytisch leben oder um Pathogene, die eine lange latente Phase besitzen (Williamson, 1994). Die Beschreibung einer endophytischen Lebensweise gibt somit lediglich Auskunft zur Lokalisierung des beherbergten Organismus und zum anscheinend krankheitsfreien Zustand des Wirtes zum Zeitpunkt der Analyse. Sie faßt weder taxonomisch einheitliche Organismen zusammen, noch gibt sie Auskunft über potentielle Interaktionen zwischen beiden Symbiosepartnern (Schulz et al., 1998).

Sowohl Algen als auch Bakterien oder Pilze können endophytisch vorkommen. Die vorliegende Arbeit beschäftigte sich jedoch ausschließlich mit pilzlichen Endophyten. Wird im Folgenden der Begriff Endophyt alleinstehend verwendet, so ist der pilzliche Vertreter gemeint.

1.1.2 Vorkommen

Das Vorkommen endophytischer Pilze läßt sich von zwei Perspektiven betrachten, zum einen, wo auf der Erde sind sie anzutreffen? Zum anderen, wo innerhalb einer Pflanze können sie lokalisiert werden?

Seit ca. 70 Jahren ist bekannt, daß Endophyten in Pflanzen vorkommen (Petrini, 1996). Aber erst in den letzten 20 Jahren wurden endophytische Pilze verstärkt aus verschiedenen Wirten isoliert, z. B. aus Gräsern (Clay, 1988, 1989; Leuchtmann, 1992; Latch, 1993; White, 1993), aus krautigen Pflanzen (Petrini, 1985; Schulz et al., 1993; Balster, 1994; Guske, 1995; Beltau, 1998) oder aus Bäumen (Bernstein & Carroll, 1977; Butin, 1986; Carroll, 1988; Sieber & Hugentobler, 1987; Sieber 1988; Viret & Petrini, 1994). Auch lassen sich unterschiedlichste geographische Regionen angeben, in denen man Endophyten nachgewiesen hat: Endophyten fand man in Gräsern in Neuseeland oder China (Clay, 1993; Bruehl et al., 1994), in tropischen Orchideen (Bayman et al., 1997; Guo et al., 1997), oder in Bäumen der gemäßigten Zonen (Fisher & Petrini, 1990; Kowalski & Kehr, 1995), um nur einige Beispiele zu nennen. Aus der Vielzahl an Literaturdaten läßt sich schließen, daß Endophyten aus nahezu allen Pflanzen isoliert werden können und sie somit überall dort anzutreffen sind, wo es Pflanzen gibt.

Die Anzahl der verschiedenen Endophytenarten, die je Pflanze vorkommen bzw. isoliert werden, kann allerdings variieren. Sie ist u. a. abhängig von der eingesetzten Methode zur Isolierung (Dickinson, 1971) oder der Jahreszeit, in der die Analyse durchgeführt wird (Mack, 1989). Einfluß hat auch das untersuchte Wirtsindividuum, so z. B. dessen Alter (Carroll et al., 1977; Petrini & Carroll, 1981; Sieber, 1988) oder die Nährstoffversorgung (Petrini, 1986). Sogar die Himmelsrichtung aus der die Proben vom Wirt entnommen wurden, führten nach Carroll & Carroll (1978) und Sieber–Canavesi & Sieber (1988) zu unterschiedlichen Endophytenspektren. Abhängigkeiten von der gewählten Pflanzenart werden anhand des folgenden Beispieles deutlich: So wurden in *Taxus* nur wenige, in *Arctostaphylus uva–ursi* dagegen mehr als 200 Endophytenarten gefunden (Butin, 1986). Meistens dominieren wenige, z. T. wirtsspezifische Pilze in einer Pflanzenart (Petrini, 1991), wobei die Spezifität bislang häufig über indirekte diagnostische Methoden erfaßt wurde, nur selten durch direkte Beobachtungen (Chapela et al., 1990; Fisher & Petrini, 1990; Bills, 1996). Petrini (1996) unterscheidet zwischen einer „establishment specifity", d. h. bestimmte Endophyten besiedeln nur einzelne Wirte, und einer „expression specifity", eine Endophytenart ist aus verschiedenen Wirten isolierbar, Fruktifikation erfolgt allerdings auch hier nur bei wenigen Pflanzentaxa.

Wie stark eine Pflanze von Pilzen besiedelt werden kann, wird zudem stark von ökologischen Bedingungen wie Klima oder Standort beeinflußt. Blieb die

Schneedecke länger liegen (Petrini, 1986) oder herrschte hohe Luftfeuchte vor (Sieber, 1988) bzw. gab es viel Niederschlag (Carroll & Petrini, 1983; Carroll, 1988), ließen sich in der Regel mehr Endophyten isolieren als aus trockeneren Standorten. Auch die Zusammensetzung des Wirtsbestandes (Sieber, 1988; Marquarding, 1992), die Bestandsdichte (Carroll & Carroll, 1978; Suske, 1990) oder die Bewirtschaftungsform (Sieber, 1988) sowie Umwelteinflüsse (Barklund & Rowe, 1983; Helander et al., 1996) wirken sich auf das Endophytenspektrum aus.

Bei Untersuchungen zur Lokalisierung von Pilzen innerhalb einer Pflanze ließen sich solche nachweisen, die systemisch inter– und intrazellulär im Pflanzengewebe wachsen (Cabral et al., 1993). Andere Pilze sind während ihrer endophytischen Phase meist wenigzellig und existieren z. T. nur in einzelnen Pflanzenzellen (Stone, 1987; Petrini, 1991; Cabral et al., 1993), was einen mikroskopischen Nachweis schwierig macht und u. a. eine Erklärung dafür sein könnte, daß Symptome an der Pflanze makroskopisch nicht sichtbar sind.

Die endophytischen Pilze können aufgrund unterschiedlicher Wachstumsstrategien in zwei ökologische Gruppen untergliedert werden. Vertreter der Balansiae innerhalb der Familie der Clavicipitaceae besiedeln ihre Graswirte systemisch und werden z. T. durch die Samen des Wirtes verbreitet (Clay, 1993). Die übrigen, nicht clavicipitalen Endophyten gehören zu ganz unterschiedlichen taxonomischen Gruppen und können aus verschiedenen Pflanzen wie Bäumen, Sträuchern, aber auch aus Gräsern isoliert werden. Ihre Besiedelung des jeweiligen Wirtes ist meist limitiert und die Verbreitung erfolgt über Sporen durch Wasser oder Luft (Carroll, 1988) bzw. mittels Vektoren wie Insekten (Phaff & Starmer, 1987).

1.1.3 Bedeutung einer endophytischen Besiedelung

Endophyten besetzen eine spezielle ökologische Nische. Diverse Forschungsprojekte zu dieser Organismengruppe haben verschiedenste Erkenntnisse geliefert, jedoch sind viele Fragen z. B. zur Wirtsspezifität, zum stark limitierten Wachstum der Pilze innerhalb der Pflanzen oder zu ihrer Funktion im Wirt noch ungeklärt. Verglichen mit Bodenpilzen hat man gerade bei den Endophyten einen hohen Anteil an antibiotisch wirksamen Sekundärstoffproduzenten nachgewiesen (Fisher et al., 1984; Bills, 1996). Bei der Suche nach neuen Naturstoffen ließen sich von endophytischen Pilzen viele fungitoxische Sekundärmetaboliten mit noch nicht aufgeklärten Strukturen finden (Schulz et al., 1999). Bisher ist die Bildung der Metaboliten nur *in vitro* nachgewiesen worden. Man geht jedoch davon aus, daß sie ebenso im Wirt produziert werden, wie dies aufgrund höherer gebildeter Konzentrationen an Sekundärmetaboliten für Pathogene mehrfach gezeigt werden konnte (Nishimura et al., 1982). In der Pflanze können pilzliche Metaboliten Funktionen wie Pathogenabwehr (Carroll, 1988; Clay, 1988), Schutz vor Trockenstreß des Wirtes (Arachevaleta et al., 1989), Förderung der Keimung von Wirtsamen (Luginbühl & Müller, 1980) oder Schutz des pilzlichen Lebensraumes (Petrini & Müller, 1986; Schulz et al., 1995) übernehmen.

Eine bessere Sporenkeimung in Gegenwart bestimmter Inhaltsstoffe des Wirtes (Chapela et al., 1991), Wachstumseinflüsse oder die Bildung von Sekundärstoffen von Calluskulturen bzw. Pflanzen und Endophyten als Reaktionen aufeinander (Peters et al., 1998) haben wichtige Hinweise zu Wirt–Pilz–Interaktionen gegeben. Auch wird versucht, durch Einsatz von Endophyten Unkraut zu bekämpfen (Schulz et al., 1998; Guske et al., 1999) und man hofft durch Ausnutzung antagonistischer Wirkung von Endophyten gegen Pathogene mögliche Schäden an Nutzpflanzen begrenzen zu können. So weisen Carroll (1986) und Clay (1989) darauf hin, daß viele Pflanzen, die bereits von einem Pilz infiziert sind, eine höhere Resistenz gegen andere Pathogene zeigen. Antagonistisch scheinen Endophyten z. B. auch gegen Gallmücken zu wirken, da die Gallen von den Pilzen besiedelt werden und dadurch die Larven vorzeitig absterben bzw. die Gallen sich aus dem Pflanzengewebe herauslösen (Carroll, 1988; Wulf, 1990).

Wie Endophyten die Wirtsabwehr umgehen, um in die Pflanze zu gelangen, ist noch weitgehend unbekannt. Extrazelluläre Enzyme, die bei der Penetration des Wirtes bei Pathogenen nachgewiesen wurden, hat man auch bei Endophyten entdeckt (Carroll & Petrini, 1983; Petrini, 1991). Arbeiten zum mikroskopischen Nachweis zeigen, daß Endophyten über Stomata oder direkt durch die Wirtsepidermis mit einer feinen Penetrationshyphe eindringen, oft jedoch nur eine einzige Wirtszelle besiedeln (Stone, 1988; Cabral et al., 1993; Viret et al., 1993). Somit scheinen sich die Penetrationsmechanismen von Endophyten und Pathogenen kaum zu unterscheiden und in den Listen identifizierter Endophyten findet man neben vielen Saprophyten häufig auch bekannte Pathogene (Petrini & Müller, 1986; Schulz et al., 1993). Inzwischen weiß man, daß die Interaktion zwischen Wirt und Pilz während des Lebenszyklus des Endophyten durchaus variabel sein kann, so daß dasselbe Individuum z. B. von einer mutualistischen zu einer antagonistischen Beziehung wechseln kann (Petrini, 1991). Nicht selten führen Umweltbedingungen, die sich zuungunsten des Wirtes verändern, dazu, daß ein Schwächeparasit, der als Endophyt isoliert werden könnte, zum Pathogen wird und Schadsymptome am Wirt auslöst (Kehr, 1991; Römmert et al., 1999).

Mittlerweile wird deshalb davon ausgegangen, daß es sich bei dem Zusammenleben zwischen Wirt und Endophyt um eine Infektion mit Ruhestadium (Williamson, 1994) und/oder um einen balancierten Antagonismus handelt (Schulz et al., 1998).

1.2 Taxonomie

Jeder Taxonomie liegt eine Theorie zugrunde über die Organismen, die in ihr klassifiziert werden. Von der Art aufwärts werden alle Ordnungsstufen als Taxa bezeichnet; Taxonomie ist somit die Analyse der Merkmale eines bestimmten Organismus, mit dem Ziel, ihn einem bestimmten Taxon zuzuordnen (Margulis & Schwartz, 1989). Dabei soll mit der Systematik als Wissenschaft von der Vielgestaltigkeit der Organismen möglichst ein phylogenetisches System erstellt werden (Osche, 1994). Talbot (1971) sieht als wesentliche Aufgaben eines solchen Systems zum einen die Sammlung und Ablage möglichst vieler Daten, zum anderen die Vermittlung entsprechender Informationen, die eine Beschreibung eines Organismus ermöglichen sollen.

Da die Rolle von Endophyten variabel sein kann, sollte eine eindeutige Identifizierung der erste Schritt für die Aufklärung ihrer ökologischen Bedeutung sein (Harney et al., 1997). Bisher erfolgten Identifizierungen meistens mit der indirekten Methode über Isolieren auf Nähragar und anschließender Bestimmung anhand makroskopischer und mikroskopischer Merkmale. Dabei findet man in der Literatur fast ausschließlich Untersuchungen zu Mycelpilzen. Die isolierbaren endophytischen Pilze konnten größtenteils den Asco– und Deuteromyceten, seltener auch den Zygo– und Basidiomyceten zugeordnet werden.

1.2.1 Zur Morphologie und Physiologie von Pilzen

Für eine Pilzidentifizierung mittels Lichtmikroskopie und Bestimmungsschlüsseln sind Sporen und die Art ihrer Entstehung wichtige Kriterien. Veränderungen des Nährmediums und der Kultivierungsbedingungen sollen die Sporulation anregen und eine gute Identifizierung ermöglichen. Die meisten Verfahren sind jedoch zeitaufwendig und bleiben häufig erfolglos (Harney, 1997). Nicht sporulierende Organismen oder solche mit wenigen bzw. untypischen morphologischen Charakteristika, wie Bakterien oder Hefen, werden daher bereits seit Jahren anhand physiologischer und biochemischer Merkmale identifiziert (Holt, 1984; Kreger-van Rij, 1984; Barnett et al., 1990).

Nach Flegel (1977) handelt es sich bei Hefen um einzellige Pilze, die sich durch Sprossung oder Zweiteilung vervielfältigen. Allgemein werden Hefen als reduzierte höhere Pilze definiert, die in ihrem gesamten oder in einem Teil ihres Lebenszyklus einzellig sind (Moore, 1987b). Bereits 1882 berichteten de Bary und 1888 Brefeld, daß hefeartige Stadien Teil des Lebenszyklus verschiedenster Pilze seien (Kooke, 1987). Können Pilze sowohl Hyphen bilden als auch hefeartig sprossen, bezeichnet man sie als dimorph.

Der Begriff Dimorphismus wurde zunächst für humanpathogene Pilze geprägt, die in infiziertem Gewebe als einzellige Hefen, kultiviert bei Raumtemperatur jedoch als Mycel wachsen. Später erkannte man, daß die Fähigkeit, eine polare Mycelform mit apikalem Spitzenwachstum oder aber eine Hefeform mit apolarer Zellsprossung bilden zu können (Draeger, 1988) nicht auf Pathogene beschränkt ist (Cole & Nozawa, 1981). Dieser umweltbedingte Hefe–Mycel–Dimorphismus ist reversibel und wird vorwiegend durch Nährstoffversorgung, Temperatur, Sauerstoff und Kohlendioxid–Partialdruck bestimmt, wobei entweder die Hefen– oder die Hyphenphase überwiegt. Solch ein Phasenwechsel läßt sich bei Vertretern der Zygo–, Asco–, Endo–, Usto– sowie den Basidiomycetes induzieren, ist bei den beiden ersten Gruppen und den höheren Basidiomycetes jedoch selten (Weber, 1993). Bei einigen hemibiotrophen Phytoparasiten und saprophytischen Holzzerstörern findet man einen „ontogenetisch fixierten" Dimorphismus, bei dem der Wechsel von Hefe– und Hyphenphase immer mit einem Kernphasenwechsel verbunden ist, die Hefe ist haploid, das Mycel diploid (Weber, 1993)

Zur taxonomischen Einordnung von Hyphomyceten, nicht sporulierenden Hefen oder dimorphen, hefeähnlichen Pilzen werden morphologische, physiologische und biochemische Merkmale herangezogen. Zur Differenzierung zwischen Asco– und Basidiomycetenhefen bildeten bislang u. a. Septenporen–Morphologie, Zellwandbeschaffenheit, Coenzym–Q–System, Fermentationsfähigkeit, Ureaseaktivität, G+C mol % Gehalt oder Teilsequenzierungen der DNA wichtige Charaktere (Moore, 1987b; Dörfler, 1990).

1.2.2 Pilzcharakterisierung mit molekularbiologischen Methoden

Mit der Erfindung und dem Einsatz des Mikroskopes Anfang des 17. Jahrhunderts, insbesondere durch Hooke, Malpighi und Leeuwenhoek, erfuhren Mediziner und Naturforscher von der Existenz einer Welt, die ihnen bis dahin verborgen war (Jahn, 1990; Dörfelt & Heklau, 1998). Als „molekulares Mikroskop unserer Zeit" bezeichnet Metzenberg (1991) die Apparatur, mit der eine Polymerasekettenreaktion, kurz PCR, durchgeführt werden kann. Der Vergrößerungsmechanismus sei hierbei nicht optischer, sondern chemischer Natur. Die PCR ist „eine *in vitro*–Technik, mit der man gezielt Desoxyribonucleinsäure–(DNA)–Abschnitte, die von zwei bekannten DNA–Sequenzen eingerahmt werden, vervielfältigen kann" (Newton & Graham, 1994). Durch den Einsatz hitzestabiler DNA–Polymerasen und von PCR–Geräten (Thermocycler), welche die Temperaturzyklen steuern, wurde dieses Verfahren automatisiert.

Das Prinzip der PCR besteht darin, mit Hilfe von kurzen, einzelsträngigen DNA–Molekülen, sogenannten Startern (Primer), in Gegenwart von DNA–Polymerase und Desoxynucleosidtriphosphaten (dNTPs) entlang einer einzelsträngigen DNA–Matrize, der Template– oder Ziel–DNA, einen komplementären DNA–Strang neu zu synthetisieren. Durch Hitzeeinwirkung wird der gebildete Doppelstrang denaturiert und nach Abkühlen auf geeignete Temperatur dienen dann beide Einzelstränge als Matrizen. Die Abfolge von Denaturierung, Primeranlagerung (Annealing) und Primerverlängerung (Elongation) führt nach mehreren aufeinander folgenden Zyklen, meist 20 bis 40, zu einer exponentiellen Vermehrung (Amplifikation) der ursprünglichen DNA–Matritze (Linz & Degenhardt, 1990; White et al., 1990). Dieses molekularbiologische Verfahren ermöglicht es, DNA–Sequenzen von bekannten und unbekannten Organismen miteinander zu vergleichen, sogar wenn die Organismen selbst nicht kultiviert werden können.

Um den Erbgang von Genen zu untersuchen, wurden Restriktionsfragment–Längenpolymorphismen (RFLPs) der genomischen DNA bestimmt. Für dieses Verfahren benötigt man jedoch recht viel und gut gereinigte DNA, zudem ist die Methode zeitaufwendig (Vilgalys & Hester, 1990). In Kombination mit der PCR–Technik ist es möglich, einen kleinen Teil der DNA gezielt zu vervielfältigen und mit diesem Amplifikationsprodukt, kurz Amplikon, dann eine RFLP–Analyse durchzuführen. Als besonders vorteilhaft erweist sich dabei neben der geringen DNA–Menge die Möglichkeit, ohne radioaktive Markierung die Restriktionsmuster direkt per Elektrophorese nachweisen zu können (Newton & Graham, 1994).

PCR–Analysen und Kartierungen von Restriktionsschnittstellen werden heute für taxonomische Fragestellungen in der Mykologie zunehmend eingesetzt, um z. B. Pathogene (Henson, 1993; Liew et al., 1998), Mycorrhiza–Pilze (Henrion et al., 1992; Buscot et al., 1996), Trüffel–Pilze (Henrion et al., 1994), Endophyten oder nicht kultivierbare Pilze *in vivo* (Boyle, 1996; Harney et al., 1997) zu charakterisieren und zu identifizieren.

Zur Unterscheidung von Pilztaxa auf Artebene ist die RAPD–PCR (random amplified polymorphic DNA), bei der kurze Primer mit einer zufälligen Nukleotidsequenz verwendet werden, kurz RAPD–Analyse, erfolgreich einsetzbar. Empirisch werden Primer ermittelt bzw. konstruiert, die geeignete Muster zur Differenzierung von Individuen erzeugen (z. B. Williams et al., 1990; Möller et al., 1994; Pastrik, 1996; Schrader 1996; Luz Herrero & Snetler Klemsdal, 1998). Für eine Identifizierung der Stämme muß allerdings eindeutig bestimmtes Vergleichsmaterial zur Verfügung stehen und das Verfahren für die zu untersuchende DNA standardisiert werden (Messner & Prillinger, 1995).

1.3 Ziel der Arbeit

Ziel der vorliegenden Arbeit war es, das Spektrum endophytischer Pilze von *Trifolium repens* zu erfassen. Anhand klassischer Identifizierungsmethoden erfolgten taxonomische Einordnungen der Isolate. Besonderes Interesse galt dabei den erstmals so zahlreich isolierten Hefen. Während zu Mycelpilzen, die inneres Pflanzengewebe besiedeln, bereits viele Daten und Erkenntnisse vorliegen, sind endophytische Hefepilze, insbesondere aus Klee, in der Literatur nur unzureichend oder gar nicht berücksichtigt worden.

Zusätzlich zu morphologischen und physiologischen Untersuchungen sollten molekularbiologische Verfahren weitere Hinweise zur Identifizierung der Hefen geben. Clusteranalysen ermöglichten es, sämtliche erhobene Daten miteinander zu kombinieren und Ähnlichkeiten bzw. Identitäten von endophytischen Hefen und Referenzstämmen aufzuzeigen. Die Eignung der eingesetzten Methoden bzw. die Bedeutung ihrer Kombination für die Hefetaxonomie galt es herauszuarbeiten und auf Anwendbarkeit zu prüfen.

Anhand von Reinfektionen sollte der endophytische Charakter dieser Pilze dann nachgewiesen und mittels mikroskopischer Methoden pilzliche Zellen im Pflanzeninneren lokalisiert werden.

2 Material und Methoden

2.1 Probennahme

2.1.1 Standorte

Da in der vorliegenden Untersuchung weder Standortabhängigkeiten noch jahreszeitliche Sukzessionen Themenschwerpunkte bildeten, diente die Standortwahl allein dem Zweck, eine große Vielfalt an endophytischen Pilzen der Wirtspflanzenart *Trifolium repens* L. zu erfassen. Dazu wurden Untersuchungsflächen aus verschiedenen Regionen gewählt (Topographische Karten 1 : 25000; Beverbeck, Nähe Lüneburg ⇒2828/4; Braunschweig ⇒3729/1; Neuenkirchen, Nähe Wolfenbüttel ⇒3928/4). Außerdem handelte es sich bei den Standorten um z. T. unterschiedlich genutzte Bestände, d. h. einbezogen waren zwei verschiedene Rasenflächen, zwei Wegränder, ein Naherholungsgebiet und eine Grünbrache, in der im Vorjahr Weißklee eingesät war.

2.1.2 Materialgewinnung

Zur Erfassung des Pilzspektrums vom Weißklee aus den verschiedenen Standorten wurden ausschließlich solche Pflanzen ausgewählt, die bei makroskopischer Betrachtung keine sichtbaren Schadsymptome aufwiesen. Für die Probennahme wurden ganze Pflanzen mit Wurzeln oder nur Teile des Vegetationskörpers geerntet. Das Pflanzenmaterial wurde in sterilen Plastikbeuteln transportiert, bei 8 °C zwischengelagert und innerhalb weniger Stunden im Labor verarbeitet. Für die Endophytenisolierung wurden je Pflanze mehrere Sekundärblätter mit ihren Blattstielen verwendet. Von den verschiedenen Standorten wurden im Frühjahr, Sommer und Herbst zwischen 1993 und 1997 Proben entnommen.

2.2 Pilzisolierung

2.2.1 Epiphyten

Vor jeder Endophytenisolierung wurden mit Hilfe der „Abklatsch–Methode" unbehandelte Weißkleeblätter und -stiele auf ME–Agar mit Antibiotikazusatz (Kap. A.1.2 in Petrischalen (ϕ 9 cm, Sarstedt, Nümbrecht) abgedrückt und die so vorbereiteten Schalen bei Raumtemperatur (23 ±3 °C) und Tageslicht kultiviert. Anhaftende Sporen von Epiphyten konnten auf diese Weise zum Auswachsen gebracht werden. Die durch Vereinzeln erhaltenen Reinkulturen dienten zum Vergleich mit den später isolierten Endophytenkulturen. Von jedem Standort wurden bei jeder Probennahme fünf bis zehn Blätter bzw. Stiele für die Epiphytengewinnung verwendet.

2.2.2 Endophyten

2.2.2.1 Oberflächensterilisation

Definitionsgemäß handelt es sich bei pilzlichen Endophyten um innerhalb eines pflanzlichen Wirtes lebende Organismen (Kap. 1.1). Zur Endophytenisolierung müssen daher die zu untersuchenden Pflanzenteile einer Oberflächensterilisation unterzogen werden, so daß an der Oberfläche anhaftende Mikroorganismen entfernt bzw. abgetötet werden. Dabei dürfen die Endophyten im Inneren des Pflanzengewebes jedoch nicht geschädigt werden.

Da Pflanzen durch Anpassung an ihre Umgebung z. T. sehr unterschiedliche Oberflächenmorphologien bzw. Samenschalenbeschaffenheiten aufweisen, mußte die Oberflächensterilisation sowohl für Kleeblätter und –stiele als auch für die Kleesamen optimiert werden. Hierzu wurden 1 %, 3 % und 5 % wäßrige Natriumhypochlorid–Lösungen (NaOCl)[1] und Einwirkzeiten von einer, drei, fünf und zehn Minuten für die Behandlung von Blatt- und Stielmaterial getestet. Nachdem die Pflanzen zur Grobreinigung unter fließendem Leitungswasser abgespült worden waren, diente eine anschließende Behandlung des Pflanzenmaterials mit Ethanol der besseren Benetzbarkeit, so daß die Bleichlauge gut einwirken konnte. Durch mehrmaliges Spülen mit sterilem Leitungswasser wurde das Einwirken des NaOCl unterbrochen und Chemikalienreste entfernt. Der Einsatz 5 %iger NaOCl–Lösung oder Einwirkzeiten von 10 Minuten erwiesen sich für eine Sterilisation jedoch als so aggressiv, daß das empfindliche Pflanzenmaterial entfärbt und geschädigt wurde, bevor darin befindliche Endophyten auswachsen und isoliert werden konnten. Optimale Ergebnisse wurden mit den in der Tab. 2.1 zusammengefaßten Bedingungen erzielt.

Um Samen zur Anzucht axenischer Pflanzen frei von Mikroorganismen zu bekommen, mußten wesentlich höhere Konzentrationen und Einwirkzeiten angewendet werden: In Anlehnung an Meyer-Roy (1992) wurden Weißkleesamen (Landhandel Schmidt, Braunschweig) für eine Stunde bei 20 kPa Unterdruck mit ca. 15 % NaOCl-Lösung behandelt.

2.2.2.2 Überprüfung der Sterilisation

Zur Überprüfung der Oberflächensterilisation wurde das oberflächensterilisierte Pflanzenmaterial vor dem Zerteilen und Auslegen auf Nähragar auf einem separat gehaltenen Nähragar abgedrückt. Ließen sich auf diesem sogenannten Abdruck Mikroorganismen nachweisen, so war davon auszugehen, daß die Oberflächensterilisation nicht ausreichend war, da zumindest ein Teil der Epiphyten überleben konnte. In der vorliegenden Untersuchung wurden die oberflächensterilisierten Kleeblätter bzw. –stiele auf 2 % ME–Agar (Kap. A.1.2) in Petrischalen abgedrückt. Die Schalen wurden bei Raumtemperatur (23 ±3 °C) und Tageslicht inkubiert und mehrfach kontrolliert, ob Mikroorganismen auf dem Nähragar wuchsen.

[1] Die %–Angabe bezieht sich auf aktives Chlor. Käufliches NaOCl enthält 12 bis 15 %.

Tab. 2.1: Optimierte Methode zur Oberflächensterilisation
Konzentration und Einwirkzeit der Bleichlauge sind an Weißkleeblätter und –stiele angepaßt.

Lösung	Einwirkzeit
Leitungswasser	kurz spülen
70 % EtOH	1 Minute
3 % NaOCl	5 Minuten
steriles Leitungswasser	bis 10 Minuten 4fach wiederholen

Desweiteren wurde das Spektrum epiphytischer und endophytischer Pilzarten miteinander verglichen. Wenn nach der Sterilisation andere Arten isoliert werden konnten, erhöhte dies die Wahrscheinlichkeit, daß diese aus dem Inneren des Pflanzengewebes ausgewachsen waren.

2.2.2.3 Vereinzelung

Nach der Oberflächensterilisation und dem Zerschneiden der Blätter und Stiele unter aseptischen Bedingungen wurden diese auf 2 %–ME–Agar mit Antibiotikazusatz in Petrischalen ausgelegt (Rack & Butin, 1984). Je Petrischale wurden die Segmente von ein bis zwei Blättern und Stielen kreisförmig plaziert und bei Raumtemperatur im Licht inkubiert. Bei Anwesenheit endophytischer Pilze wuchsen diese an den Rändern oder Schnittstellen des Pflanzenmaterials aus. In solchen Fällen wurde unter aseptischen Bedingungen entweder der Agarblock um das besiedelte Segment mitsamt Kolonie ausgeschnitten und in eine seperate Petrischale mit ME–Agar gelegt oder aber die noch nicht bewachsenen Pflanzenstücke wurden auf neuen ME–Agar mit Antibiotikazusatz überführt. Auf diese Weise wurde es möglich, auch langsam wachsende oder erst spät auswachsende Pilze zu isolieren. Zur Isolierung der Pilze wurden kleine Mycelstücke bzw. Kolonien auf ME–Agar überimpft und wie oben beschrieben inkubiert.

Die Arbeitsschritte zur Epi– und Endophytengewinnung sind in dem Flußdiagramm der Abb. 2.1 auf Seite 11 dargestellt.

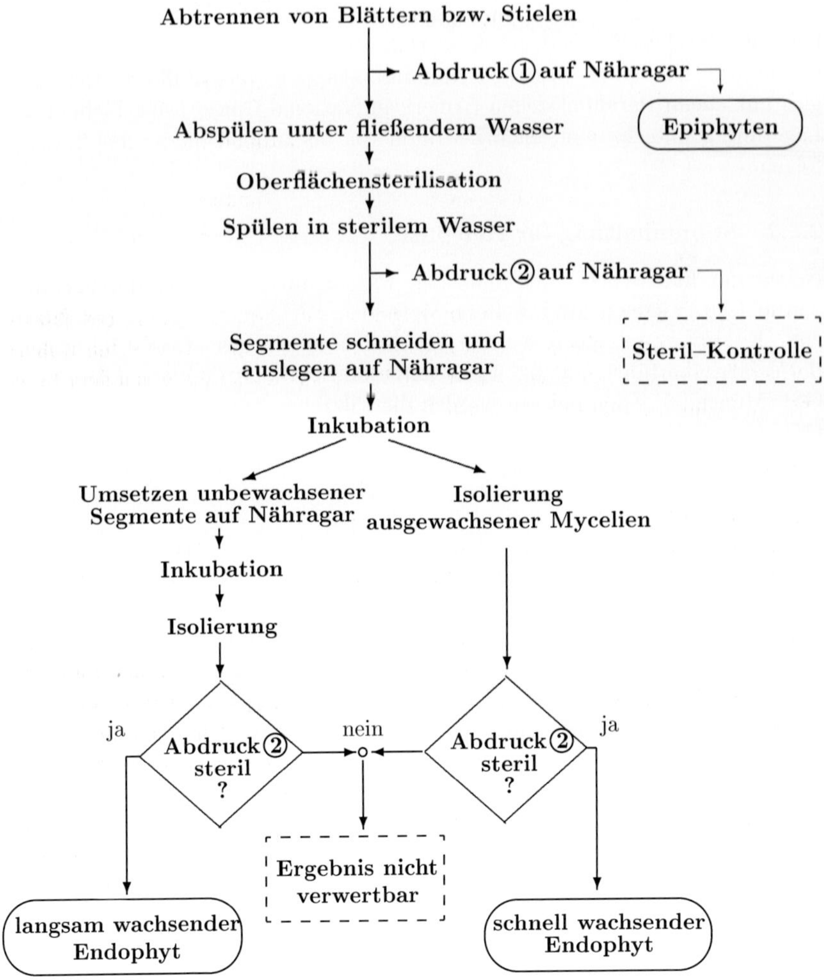

Abb. 2.1: Arbeitsschritte zur Epi– und Endophytenisolierung

2.3 Stammhaltung und Referenzstämme

2.3.1 Stammhaltung für Mycelpilze

Erfolgreich vereinzelte Endophytenstämme wurden zur Stammhaltung als kleine Mycel–Agarblöckchen von etwa 5 x 5 mm in Kulturröhrchen mit Biomalz–Schrägagar überimpft. Bei Raumtemperatur (23 ±3 °C) wurde solange inkubiert bis Mycelwachstum deutlich sichtbar war. Zum Schutz vor Austrocknung wurden die Übergänge zwischen Aluminiumkappen–Verschluß und Reagenzglas mit einem Parafilmstreifen (American National Can_{TH}) abgeklebt. Eine Lagerung konnte so über einen Zeitraum von bis zu 24 Monaten bei 8 °C erfolgen.

2.3.2 Stammhaltung für Hefepilze

Neben der klassischen Stammhaltung, wie sie für Mycelpilze durchgeführt wurde (s. o.), kamen zwei weitere Methoden zur Lagerung von Hefepilzen zum Einsatz. Zum einen wurden Hefezellen in steriles Wasser in Eppendorfgefäße überführt und bei 12 °C aufbewahrt (Bahnweg, pers. Mitteilung, GSF München). Zum anderen wurden die Pilzzellen mit trockensterilisiertem (150 °C , 2 h im Trockenschrank, Heraeus, ET 5084 E/EK), feinen Silikagel vermischt und als Trockenkonserve ebenfalls bei 12 °C gelagert (Deml, pers. Mitteilung, BBA Braunschweig). Beide Verfahren lassen sich schnell und einfach durchführen, sind kostengünstig und bieten den Vorteil geringerer Mutationsgefahr als das Halten auf Nähragar, welches regelmäßiges Überimpfen erfordert.

2.3.3 Referenzstämme

Für Vergleichszwecke wurden neben Isolaten der Arbeitsgruppensammlung (TU BS) Stämme aus den Stammsammlungen DSMZ (Deutsche Sammlung für Mikroorganismen und Zellkulturen, Braunschweig–Stöckheim) und CBS (Centraalbureau voor Schimmelcultures, Baarn, Holland) eingesetzt. Die Auswahl der Referenzen erfolgte, nachdem von etwa 20 Stämmen der zuerst isolierten endophytischen Hefen morphologische und physiologische Charakteristika erfaßt und die Stämme mit dem Yeast Identification PC Program, Version 2 (Barnett et al., 1990) identifiziert worden waren. Wenn in den Stammsammlungen mehrere Stämme einer Art vorrätig waren, wurden, sofern bekannt, solche ausgewählt, die von krautigen Pflanzen isoliert worden waren (z. B. *C. laurentii* CBS 5595, *R. minuta* CBS 8013). Waren in beiden Sammlungen dieselben Stämme hinterlegt, wurde der DSMZ–Stamm analysiert (z. B. *C. flavus* DSM 70227). Ein *Microbotryum*– und ein *Ustilago*–Isolat wurden zusätzlich in die Untersuchung einbezogen, da vermutet wurde, daß es sich bei einigen schwer kultivierbaren Endophyten (Kap. 3.2) um Vertreter dieser Gattungen gehandelt haben könnte. Das *Ustilago maydis*–Isolat (Pr 1984/3) stammte von einem Fruchtkörper von *Marasmiellus ramealis* (Laaser, 1989).

Tab. 2.2: Referenzstämme

Art	Stammnummer
Bullera alba (Hanna) Derx	DSM 70002
Cryptococcus albidus (Saito) Skinner	DSM 70197
Cryptococcus albidus (Saito) Skinner	CBS 2991
Cryptococcus flavus (Saito) Phaff & Fell	DSM 70227
Cryptococcus humicolus (Daszewska) Golubev	DSM 6382
Cryptococcus hungaricus (Zsolt) Phaff & Fell	DSM 6903
Cryptococcus hungaricus (Zsolt) Phaff & Fell	CBS 5124
Cryptococcus laurentii (Kufferath) Skinner	DSM 70766
Cryptococcus laurentii (Kufferath) Skinner	CBS 5595
Rhodotorula glutinis (Fresenius) Harrison	DSM 70398
Rhodotorula minuta (Saito) Harrison	DSM 3016
Rhodotorula minuta (Saito) Harrison	CBS 8013
Rhodotorula minuta (Saito) Harrison	TU BS B9
Rhodotorula mucilaginosa (Jörgensen) Harrison	DSM 70825
Rhodotorula mucilaginosa (Jörgensen) Harrison	CBS 6462
Rhodotorula mucilaginosa (Jörgensen) Harrison	TU BS B8
Ustilago maydis (de Candolle) Corda	Pr 1984/3
Microbotryum violaceum Deml & Oberwinkler	TU BS U2

2.4 Taxonomische Einordnung der Isolate

Zur Pilzidentifizierung stehen verschiedene, oft nur mikroskopisch erkennbare, morphologische Strukturen zur Verfügung. Zudem zeigen viele Pilze sowohl im Primär– als auch im Sekundärstoffwechsel spezielle Eigenheiten. Durch Vergleiche mit Literaturdaten erfolgen Identifizierungen bzw. Neubeschreibungen. Seit einiger Zeit haben in Ergänzung hierzu aber auch molekularbiologische Methoden an Bedeutung gewonnen.

In der vorliegenden Untersuchung wurden die endophytischen Pilze u. a. nach folgenden Bestimmungsschlüsseln identifiziert: Von Arx (1981), Barnett (1960), Barnett et al. (1990), Barron (1968), Breitenbach & Kränzlin (1981), Carmichael et al. (1980), Dennis (1981), Domsch et al.1980, Ellis & Ellis (1997), Kreger-van Rij (1984), Sivanesan (1984), Sutton (1980).

2.4.1 Sporulationsanregung bei Mycelpilzen

Einige Autoren (u. a. Butin, 1986; Petrini, 1986) weisen darauf hin, daß viele endophytische Mycelpilze in Kultur nur schwer zur Sporulation anzuregen sind. Für eine Identifizierung mittels Lichtmikroskopie und unter Zuhilfenahme von Bestimmungsschlüsseln sind Sporen und die Art ihrer Entstehung aber meist unerläßlich.

Zunächst wurde die Isolierung endophytischer Pilze auf dem Vollmedium ME–Agar (Kap. A.1.2) durchgeführt, um nicht das Artenspektrum der fakultativ saprophytischen Pilze von vornherein zu reduzieren (Petrini, 1985). Viele Pilzstämme wuchsen zwar gut auf diesem Agar, sporulierten aber manchmal erst sehr spät oder gar nicht. Solche Isolate wurden daher zur Sporulationsanregung zusätzlich auf nährstoffärmere Medien wie KM–Agar oder SN–Agar (Kap. A.1.2) überführt. Zudem wurde bei Temperaturen von 8 °C bzw. 15 °C im Dunkeln kultiviert.

2.4.2 Mikroskopie

Für makroskopische Betrachtungen und zur Unterstützung beim Erstellen mikroskopischer Präparate wurde eine Olympus Zoom–Stereolupe (Typ: SZH mit DF Plan 2X-2 Objektiv, Zoom: 7.5 bis 64) verwendet.

2.4.2.1 Färbungen und Lichtmikroskopie

Lichtmikroskopische Untersuchungen wurden an einem Zeiss-Axioskop durchgeführt, Objektive: 10x/0.3; 20x/0.5; 40x/0.75; Ph2 40x/0.75M; Ph3 100x/1.3 Öl; (Immersionsöl 518C, DIN 58888) bzw. an einem Olympus Mikroskop BH 2, Objektive: SPlan 4x/0.13; 10x/0.3; 40x/0.7; Apo 60x/1.4 Öl; PL 100x/1.25 Öl. Photographische Aufnahmen entstanden mit der auf Stereolupe und Mikroskop wahlweise montierbaren Olympus–Kamera (Typ: OM-2_N). Als Filmmaterial wurden Farbdiafilme (Porst DX, Chrome Super CU, 21 DIN, Tageslicht) verwendet. Kontrastarme Mycelien bzw. hyaline Sporen wurden im Phasenkontrast mikroskopiert oder nach Färbungen mit Anilinblau bzw. Trypanblau im Hellfeld betrachtet.

2.4.2.1.1 Färbung mit milchsaurem Anilinblau

Sowohl Reinkulturen von Mycel– und Hefepilzen als auch Pilzstrukturen im aufgehellten Blattmaterial (10 Minuten in 10 %iger KOH–Lösung) wurden zur besseren Kontrastierung mit Anilinblau gefärbt. In Wasser hergestellte Präparate wurden mit einem Tropfen einer Anilinblau–Lösung (ein Teil Milchsäure und zwei Teile 0,5 %ige wäßrige Anilinblaulösung (Clark et al., 1983) versehen, welcher an einen Rand des Deckgläschens auf den Objektträger gesetzt und mit einem Filterpapier unter dem Deckglas durchgezogen wurde.

2.4.2.1.2 Färbung mit Trypanblau

Eine weitere Methode, mit der Pilzhyphen gut dargestellt werden können, ist die Färbung mit Trypanblau in Lactoglycerin (Kap. A.1.1.2). Dabei werden die Hyphen dunkelblau angefärbt, während das z. B. in AFE fixierte Pflanzenmaterial ungefärbt bleibt. Durch mehrmaliges Spülen mit aqua dest. wurde aus den Kleeblättern die Fixierlösung entfernt. Anschließend konnten Präparate hergestellt und die Farbstofflösung durchgezogen werden. Gefriermikrotom–Dünnschnitte (Kap. 2.7.2) wurden direkt in einem Tropfen Trypanblaulösung mikroskopiert.

2.4.2.2 Sekundärelektronenmikroskopie (SEM)

Um Formen und Oberflächenstrukturen, insbesondere von Hefezellen aber auch von NaOCl–behandelten Kleesamen, genauer erkennen zu können, wurden Präparate mit dem Sekundärelektronenmikroskop (SEM 515, Philips Industrial & Electroacustic Systems) betrachtet. Hierfür wurden die Objekte folgendermaßen vorbereitet (Waurich, 1995):

1. Präparieren in Körbchen
   Von Hefekulturen, die eine Woche auf 2 % ME–Agar gewachsen waren, wurden Agarblöckchen mit einer Kantenlänge von etwa 5 mm entnommen, in zur Kritisch-Punkt-Trocknungseinrichtung gehörende Probenkörbchen (siehe Punkt 4.) überführt und in die zugehörigen Halterungen geklemmt.
2. Fixieren
   Um Veränderungen der Pilzzellen (Schrumpfung oder Quellung) während der Entwässerung (s. u.) weitestgehend zu vermeiden, wurden die Proben mit Glutardialdehyd (Kap. A.1.1.3) für eine Stunde fixiert. Anschließend wurde dreimal mit Acetat–Vernonal–Puffer (Kap. A.1.1.1) für jeweils 20 Minuten gespült.
3. Entwässern
   Um die zu untersuchenden Proben im Elektronenmikroskop betrachten zu können, müssen diese wasserfrei sein. Zur Vermeidung von Artefaktbildung aufgrund von Oberflächenspannungen bei der Trocknung erfolgte eine Entwässerung der Präparate in einer Aceton–Reihe (20 %, 40 %, 60 %, 80 % und 100 % Aceton in aqua dest.; v/v) für jeweils 20 Minuten bei Raumtemperatur (23 ±3 °C). Die 100 % Aceton–Stufe wurde wiederholt.
4. Kritisch–Punkt–Trocknung (CTP)
   Die nachfolgende Trocknung am Kritischen Punkt wurde mit einer Kritisch–Punkt–Apparatur (Polaron E 3100, Bio–Rad, München) durchgeführt. Als Trocknungsmedium, welches oberhalb des Kritischen Punktes verdampft, wurde flüssiges Kohlendioxid verwendet: Die in 100 % Aceton vorbereiteten Probenkörbchen wurden in das acetongefüllte Schiffchen der Trocknungseinrichtung eingesetzt. Nach Herunterkühlen auf 10 °C wurde das Aceton in drei Waschgängen gegen flüssiges Kohlendioxid ausgetauscht. Durch Aufheizen auf 40 °C bei einem Überdruck von 8×10^6 Pa wurde der Kritische Punkt von Kohlendioxid ($\tau_K = 31$ °C , $p_K = 7{,}4 \times 10^6$ Pa) überschritten und die Präparate getrocknet. Der Druck in der Kammer wurde danach um ca. $1{,}5 \times 10^5$ Pa je Minute verringert.

Nach Erreichen des Normaldruckes und Raumtemperatur wurden die Präparate entnommen.

5. Aufbringen auf Präparatträger
   Die getrockneten Proben wurden mit schnell trocknendem Leitsilber (Nr. 6200 5020/838, Plano, W. Plannet GmbH, Marburg) auf fettfreie Präparatträger (Plano, W. Plannet GmbH, G 301, ϕ 12mm, Marburg) fixiert.

6. Besputtern
   Mittels Kathodenzerstäubung wurden die Proben mit Gold besputtert, (Sputtergerät SCD 040, Balzers Union, Fürstentum Lichtenstein). Das Überziehen mit der Goldschicht erfolgte in Argonatmosphäre ($p = 0{,}05 \times 10^5$ Pa) mit 70 mA für 80 s.

7. Mikroskopie und Photographie
   Nach dieser Präparation (siehe 1-6) waren die Pilzproben vakuumbeständig und wurden im Exikkator gelagert. Mikroskopiert wurden die Präparate mit dem Sekundärelektronenmikroskop SEM 515 (Philips, Eindhoven, NL), photographische Aufnahmen erfolgten mit einer am Mikroskop integrierten Spiegelreflexkamera (Contax 167 MT, Yashica Kyocera GmbH, Hamburg; Filmmaterial: Ilford FP4, Paramus, New Jersey).

2.4.3 Morphologische und physiologische Untersuchungen

Für die Identifizierung von Hefepilzen sind makroskopische und mikrosokopische Methoden meistens nicht ausreichend, da sich im mikroskopischen Bild allenfalls die Formen von Mutter- und Tochterzellen bzw. die Sprossungsmodi erkennen lassen. Daher werden bei der klassischen Identifizierung dieser Pilzgruppe zusätzlich stoffwechselphysiologische Tests herangezogen.

2.4.3.1 Charakterisierung von Hefepilzen

In der vorliegenden Untersuchung wurde die Identifizierung in Anlehnung an van der Walt & Yarrow (1984) und Barnett et al. (1990) durchgeführt. Die Charakteristika, die in dieser Studie getestet wurden, entsprechen weitestgehend den Standardtests der DSMZ (Braunschweig) und sollen kurz erläutert werden:

- **Farbe der Kolonie**:
  Nach zwei Tagen Wachstum auf PD–Agar wurde makroskopisch festgestellt, ob eine Pigmentierung der Hefenkultur vorlag.

- **Wachstum bei verschiedenen Temperaturen**:
  Während sich viele Mycelpilze bei Temperaturen von 15 °C bis 25 °C gut kultivieren lassen, liegt das Temperaturoptimum für Hefepilze häufig zwischen 20 °C und 30 °C . Für Humanpathogene oder an Warmblüter angepaßte Vertreter liegt das Optimum entsprechend höher. Stellt man für

einen zu identifizierenden Hefepilz Wachstum bei Temperaturen < 35 °C fest, so ist davon auszugehen, daß Pathogenität bei Warmblütern nicht gegeben ist. In der vorliegenden Untersuchung wurden die Hefepilze zur Ermittlung des Temperaturmaximums auf PD–Agar (Kap. A.1.2) strichförmig angeimpft und jeweils bei 25 °C , 30 °C , 35 °C , 37 °C und 40 °C bebrütet. Nach zwei bis drei Tagen wurde makroskopisch auf Wachstum bonitiert.

- **Bildung von Ballistosporen**:

  Ein für die Hefen–Identifizierung sehr eindeutiges Kriterium stellt die Ausbildung von Ballisto– oder Schleudersporen dar. Diese Fähigkeit kann allerdings durch mehrmalige Passage in Kultur verloren gehen, so daß eine entsprechende Bonitur unmittelbar nach Isolierung der Stämme erfolgen sollte. Handelt es sich bei einem Isolat um einen Ballistosporenbildner, so sind im mikroskopischen Bild u. a. Mutterzellen zu erkennen, die zusätzlich zur Knospung Sterigmen mit Ballistosporen ausbilden (Abb. 3.3).

- **Bildung von Pseudomycel bzw. echtem Mycel**:

  Bei schlechter Sauerstoff– und Nährstoffversorgung sind einige Hefepilze in der Lage, sehr langgestreckte Sproßzellen (Pseudomycel) oder echtes Mycel auszubilden. Um die Fähigkeit der Pseudomycelbildung zu prüfen, wurde die Dalmau–Platten–Technik (Wickerham, 1951, zitiert nach van der Walt & Yarrow, 1984) eingesetzt. Die zu testenden Hefepilze wurden dazu auf M–Aagar (Kap. A.1.2) jeweils punkt– und strichförmig angeimpft und mit sterilen Deckgläsern abgedeckt. Nach ca. sieben Tagen ließ sich bei 100facher Vergrößerung im Mikrokop direkt auf dem Nähragar feststellen, ob Wachstumsveränderung eingetreten war.

- **Diazoniumblau–B–Test** (DBB–Test):

  Mit diesem Farbtest, dessen Reaktionsmechanismus ungeklärt ist (van der Walt & Yarrow, 1984), können Asco– von Basidiomycetenhefen aufgrund ihres Zellwandaufbaus unterschieden werden. Drei Wochen auf GPY–Agar (Kap. A.1.2) bei 25 °C angezogene Hefepilzkolonien wurden mit zwei Tropfen einer frisch angesetzen Diazoniumblau–Lösung (Kap. A.1.1.2) versetzt. Färbte sich die Kolonie nach ca. zwei Minuten dunkelrot bis violett, handelte es sich um eine Basidiomycetenhefe mit mehrschichtiger Zellwand.

- **Vergärung von Glucose**:

  Die Fähigkeit einiger Hefepilze, Kohlenstoffquellen vergären zu können, wurde in Reagenzgläsern getestet: Je Ansatz wurden 4,5 ml 1 %ige Glucoselösung und 0,5 ml YNB (Kap. A.1.2) vorgegeben. Von einer zwei Tage auf PD–Agar (Kap. A.1.2) angezogenen Hefenkultur wurde eine Impföse Zellmaterial entnommen und mit dem Glucose–YNB–Medium

(Kap. A.1.2) gut vermischt. Anschließend wurden die Kulturen mit sterilem Paraffin (festes und flüssiges Paraffin, 1:3) ca. einen Zentimeter überschichtet (Hoffmann, pers. Mitteilung, DSMZ, Braunschweig). Fand Gärung statt, wurde das Paraffin-Gemisch im Reagenzglas durch die Gasentwicklung hochgedrückt und ein Hohlraum zwischen Suspension und Paraffinschicht wurde sichtbar.

- **Assimilation unterschiedlicher Kohlenstoffquellen**:

  Viele Hefepilze zeichnen sich durch ein spezielles Muster an verwertbaren Kohlenstoffquellen aus. Diese Fähigkeit zur Assimilation wurde mit dem Test–Kit api 50 CH (bioMérieux, Nürtingen) geprüft. Insgesamt wurden 15 Mono–, 8 Di–, 2 Tri– und 3 Polysaccharidverbindungen, 9 verschiedene Zuckeralkohole, 7 Glycoside, 3 Gluconate, Glucosamin– und Gylcerin–Verwertung getestet (Tab. 3.2). Die zu überprüfenden Hefestämme wurden zwei Tage auf PD–Agar (Kap. A.1.2) vorkultiviert und eine Impföse voll Zellen in 22,5 ml wäßrigem Weichagar (0,5 % Agar) mit 2,5 ml YNB (Kap. A.1.2) suspendiert. Mittels Pasteurpipetten wurden die Mikroröhrchen des Test–Kits nach Anleitung mit der noch flüssigen Suspension befüllt, in die zugehörigen Inkubationswannen gelegt und bei 20°C bis 25 °C im Dunkeln bis zu vier Wochen inkubiert. Eine Bewertung des Wachstums erfolgte wöchentlich. Zeigte die Kontrolle (ohne Kohlenstoffquelle) Wachstum, wurde der Test wiederholt, wobei nach der Anzucht auf PD–Agar eine zusätzliche Passage auf Wasseragar erfolgte. Durch Anlegen der Subkulturen wurde dafür gesorgt, daß auf dem nährstoffreichen Medium gespeicherte Reservestoffe verbraucht wurden.

- **Nitratverwertung**:

  Mit Hilfe des pH–Indikators Bromthymolblau wurde die Fähigkeit der Hefestämme, Nitrat in Ammonium umwandeln zu können, in Schrägagarröhrchen getestet: Der Farbwechsel des beimpften Nitrat–Agars (Kap. A.1.2) von gelb zu blau nach ein bis zwei Tagen zeigte aufgrund der Erhöhung des pH–Wertes Nitratverwertung an.

- **Vorhandensein des Enzyms Urease**:

  Organismen, die das Enzym Urease besitzen, können Harnstoff hydrolysieren. Die Bildung von Ammonium wird durch den pH–Indikator Phenolrot als Wechsel des Nährmediums (Kap. A.1.1.3) von gelb/orange zu pink bis rot durch pH–Wert–Erhöhung angezeigt. In der vorliegenden Untersuchung wurde der Nachweis mit 1 ml Flüssigkultur in schmalen Reagenzgläsern (ϕ 0,5 cm) durchgeführt.

2.4.3.2 Identifizierung nach Barnett et al. (1990)

Zur Identifizierung der isolierten Hefepilze wurden die Ergebnisse der morphologischen und physiologischen Untersuchungen bei Vorhandensein der entsprechenden Merkmale positiv (1), andernfalls negativ (0) bewertet und tabellarisch zusammengefaßt. Diese Ergebnisse wurden dann mit dem Yeast Identification PC Program, Version 2, nach Barnett et al. (1990) bearbeitet. Die jeweils höchsten Wahrscheinlichkeiten in der Übereinstimmung der Merkmale mit standardisierten Typstamm–Merkmalen nach Barnett et al. (1990, Auswahl in Tab. 6.1) führten zu Identifizierungsvorschlägen für die isolierten endophytischen Hefepilze.

Zur Feststellung von Ähnlichkeiten untereinander bzw. zu den mitgeführten Referenzstämmen wurden Distanzmatrizen bestimmt und Clusteranalysen nach Bausch & Opitz (1992) durchgeführt (Kap. 2.5).

2.4.4 Molekularbiologische Untersuchungen

Bis vor kurzem basierte die Hefeidentifizierung in erster Linie auf morphologischen und physiologischen Merkmalen. Dabei waren Charakteristika wie z. B. Pigmentierung oder Bildung von Ballistosporen für eine zweifelsfreie Identifizierung sehr von Vorteil. Unsicherheiten blieben jedoch besonders dann, wenn Hefestämme sich z. B. nur im Verwertungsmuster einzelner Kohlenstoffquellen unterschiedenen: Fehlende Übereinstimmung mit einem der Vergleichsstämme kann seine Ursache im Individuum haben, kann den Verlust bestimmter Fähigkeiten/Merkmale aufgrund mehrfacher Passage in Kultur widerspiegeln oder aber eine neue, bisher nicht beschriebene Art darstellen. In der vorliegenden Arbeit wurden daher zusätzlich molekularbiologische Verfahren zur Identifizierung eingesetzt.

2.4.4.1 DNA–Extraktion

Wie von Schrader (1996) für Hyphomyceten nachgewiesen, führte eine Anzucht der zu analysierenden Pilzstämme in Malzextraktmedium zu keinen zusätzlichen DNA–Fragmenten, die dem Medium zugeordnet werden müßten. Deshalb wurden die zu untersuchenden Hefepilze ebenfalls auf diesem Medium vorkultiviert. Die Anzucht auf Festagar ersparte zudem Zentrifugations– und Waschschritte bei der Gewinnung der Hefezellen, da diese mittels Impföse direkt vom Agar entnommen werden konnten. Vilgalys & Hester (1990) berichteten, daß Extraktionsmethoden die genomische DNA von Hefezellen wenig beeinflussen, was die Anwendung einfacher Extraktionsprotokolle erlaube. In der vorliegenden Studie wurden jeweils 30 mg Frischmaterial unter aseptischen Bedingungen in einen sterilen Porzellan–Tiegel eingewogen und mindestens für eine Stunde bei -70 °C tiefgefroren. Von diesen Proben wurde mittels QIAamp Tissue Kit 50 (QIAGEN GmbH, Hilden), die DNA der Zellen isoliert. Zusätzlich wurde geprüft, inwiefern die Zugabe von Quarzsand beim Zellaufschluß die Qualität der gewonnenen DNA beeinflußt (Kap. 2.4.4.3).

Wurden der Probe Quarzsand und Lysepuffer zugesetzt, erfolgte der Aufschluß der Hefezellen mit Porzellan–Mörser und Tiegel. Für die Aufarbeitung ohne Sand wurden Probe und Lysepuffer dagegen in ein 1,5 ml Eppendorfgefäß gegeben und ein passendes Kunststoff–Pistill verwendet. Alle weiteren Schritte wie Zugabe von Proteinase K, Inkubieren, Spülen und Zentrifugieren erfolgten für beide Verfahren nach Anleitung und in den Gefäßen des Test–Kits (Tissue Protocol handbook QIAamp, QIAGEN GmbH, Hilden). Die gewonnene Hefen–DNA wurde nach der letzten Zentrifugation in 400 μl Tris–HCl (10 mol/l, pH 9,0) aufgenommen, auf zwei 500 μl Eppendorfgefäße verteilt und bis zum weiteren Gebrauch bei -20 °C tiefgefroren.

2.4.4.2 DNA–Gehaltsbestimmung

Die Bestimmung des Gehaltes an Hefen–DNA erfolgte photometrisch mit einem Fluorimeter (Model TKO 100, Hoefer Scientific Instruments). Hierzu wurde die DNA mit dem Fluoreszenzfarbstoff Hoechst 33258, (Anregungsmaximum: 365 nm, Emissionsmaximum: 458 nm) angefärbt, welcher bevorzugt an den Adenosin–Thymin–reichen Regionen der Duplex–DNA bindet. Mit zunehmender DNA–Konzentration erhöht sich die Intensität der Fluoreszenz; RNA wird nicht angefärbt (Cesarone et al. 1979). Für eine Kalibrierung wurden die Farbstofflösung (Nullabgleich) und Kalbsthymus–DNA (1 μg/μl) verwendet. Für jede DNA–Gehaltsmessung wurden 2 ml Farbstofflösung vorgelegt, der Nullpunkt überprüft und danach 2 μl Hefen–DNA hinzupipettiert. Durch Zugabe weiterer 2 μl Proben–DNA erfolgte die zweite Gehaltsbestimmung.

2.4.4.3 Gelelektrophorese und DNA–Qualität

Da die Methode zur DNA–Isolierung die Qualität, d. h. die Länge entstandener Bruchstücke, wesentlich beeinflußt, wurde mittels Gelelektrophorese die DNA–Qualität überprüft. Jeweils 4 μl Proben–DNA (20 ng/μl) wurden auf einem Parafilmstreifen mit 1 μl Probenpuffer (Kap. A.1.1.1) versetzt. Das Gemisch wurde anschließend in eine Geltasche eines Agarosegels (1 g/l), welches mit einfach konzentriertem TAE–Puffer (Kap. A.1.1.1) angesezt worden war, pipettiert. Ihrer Länge entsprechend wurden die DNA–Bruchstücke bei einer Spannung von 40 V elektrophoretisch getrennt. Wenn die Lauffront der Proben ca. 5,5 cm vom Start entfernt war, wurde die Auftrennung beendet. Schließlich wurde das Gel 20 Minuten in wäßriger Ethidiumbromidlösung (1 μg/ml) gefärbt (Sambrook et al., 1989). Durch Auflegen des Geles auf einen UV–Transilluminator konnte die bei 366 nm fluoreszierende DNA betrachtet und die Gele photographiert werden (Kleinbildkamera: Leica; Filmmaterial: Agfaortho 25; ASA 25/15 DIN, s/w). Je schwerer, d. h. länger die DNA–Fragmente waren, desto stärker war die Fluoreszenz in Startnähe und desto besser war die Qualität der DNA.

2.4.4.4 PCR–RFLP

In der vorliegenden Untersuchung wurden zwei molekularbiologische Verfahren miteinander kombiniert. Einer spezifischen DNA–Vermehrung schloß sich eine Restriktionsfragmentlängen–Polymorphismus–Analyse an, kurz PCR–RFLP–Analyse. 54 endophytische, zwei epiphytische Hefepilze und 18 Vergleichsstämme (Tab. 3.4) wurden in die PCR–RFLP–Analyse einbezogen. Dabei handelte es sich sowohl um beige als auch um rot pigmentierte Stämme. Sieben Isolate produzierten Ballistosporen.

2.4.4.4.1 PCR mit ITS–Primern

Für die PCR wurden Primer verwendet, die zur Amplifizierung von Teilbereichen nuclearer rDNA–Gene von Pilzen konstruiert worden sind (Williams et al., 1990). Das eingesetzte Primerpaar ITS-1 und ITS-4 (Perkin Elmer, Applied Biosystems, Weiterstadt) vervielfältigt dabei den Abschnitt zwischen der kleinen und der großen Untereinheit der rDNA. In dem Amplikon ist dadurch das konservierte 5,8 S Segment enthalten, welches auf beiden Seiten von je einem nicht kodierenden ITS–Bereich (intern transscribierter spacer) flankiert wird. Basenabfolgen der beiden Primer:
ITS-1 (19mer): TCCGTAGGTGAACCTGCGG
ITS-4 (20mer): TCCTCCGCTTATTGATATGC

Für die einzelnen Amplifizierungen wurden Stammlösungen der Primer mit einer Konzentration von 50×10^{-6} mol/l hergestellt, die für diese Analysen verwendete GoldStar–DNA–Polymerase (Eurogentec, Seraing, Belgien) lag in einer Konzentration von $5 U/\mu l$ vor. Um genügend Proben–DNA zu erhalten, wurde die PCR mit einem Reaktionsvolumen von 50 μl durchgeführt. Von jedem Amplikon wurde später je ein Aliquot mit einem anderen Restriktionsenzym verdaut. Die einzelnen Komponenten für die Reaktion sind in der Tab. 2.3 zusammengefaßt.

Tab. 2.3: Zusammensetzung des Reaktionsgemisches zur PCR

Substanz	**Endkonzentration**	**Hersteller**
GoldStar–DNA–Polymerase	0,5 U (je 50 μl Ansatz)	Eurogentec
10 x Goldstar–Puffer	1 x Puffer	Eurogentec
$MgCl_2$	$1{,}5 \times 10^{-3}$ mol/l	Perkin Elmer
d NTPs	$0{,}2 \times 10^{-3}$ mol/l	Boehringer Mannheim[2]
ITS-1 Primer	$0{,}02 \times 10^{-6}$ mol/l	Perkin Elmer
ITS-4 Primer	$0{,}02 \times 10^{-6}$ mol/l	Perkin Elmer
Template–DNA	1 ng (je 50 μl–Ansatz)	aus Hefen extrahiert
H_2O, bidest.	Differenz zu 50 μl	

Sämtliche Pipettierarbeiten für die PCR wurden in einem gesonderten Raum durchgeführt und Pipetten verwendet, mit denen ausschließlich für die Amplifizierung nötige Lösungen pipettiert wurden. Dadurch sollte die Kontaminationsgefahr und mögliche Amplifizierung von Fremd–DNA minimiert

[2] 2–Desoxynucleosid–5–triphosphat (dNTP) setzt sich zu gleichen Teilen zusammen aus: d ATP, d CTP, d GTP, d TTP.

werden (Newton & Graham, 1994). Durchgeführt wurde die Amplifizierung mit dem Thermocycler Gene Amp PCR 9600 (Perkin Elmer, Applied Biosystems, Weiterstadt), wobei eine Temperaturaufheizrate (Temperaturrampe) nicht vorgegeben wurde. Die Reaktionsbedingungen wie Temperatur, Zeit bzw. Anzahl der zu durchlaufenden Zyklen für Denaturierung, Hybridisierung und Polymerisierung erfolgten in Anlehnung an Boyle (1996) und Deml (pers. Mitteilung, BBA, Braunschweig) bzw. nach Herstellerhinweisen der verwendeten Goldstar–DNA–Polymerase (Eurogentec). Die Reaktionsbedingungen zur Amplifizierung wurden im Thermocycler, wie in Tab. 2.4 zusammengestellt, programmiert.

Nach dem 36sten Zyklus erfolgte für zehn Minuten eine Endpolymerisierung. Bereits im Thermocycler wurden die Proben auf 4 °C heruntergekühlt, eine längere Lagerung erfolgte bei -20 °C .

Tab. 2.4: Schema zur PCR–Amplifizierung im Thermocycler

Temperatur [°C]	**Zeit [s]**	**Anzahl der Zyklen**	**Reaktionsschritt**
94	180	1	Vordenaturierung
94 55 72	40 40 90	35	Denaturierung Primer–Hybridisierung DNA–Neusynthese
72 4	600 ∞	1	Endpolymerisierung

2.4.4.4.2 Restriktionsverdau des ITS–Amplikons

Aliquots des Amplikons wurden mit jeweils einem Restriktionsenzym inkubiert. Dazu wurden 3 μl bis 8 μl der ITS–Probe, 5 U Restriktionsenzym, 1 μl vom Hersteller empfohlener Inkubationspuffer und steriles, bidestilliertes Wasser (Differenz zu 10 μl) zusammen in ein Eppendorfgefäß pipettiert, gut gemischt und bei 13000 Upm in einer Tischzentrifuge (Micro Centaur) zentrifugiert. Mit Ausnahme des Enzyms Taq I, welches die besten Restriktionsfähigkeiten bei 65 °C entfaltet, wurden die Reaktionsansätze für mindestens zwei Stunden im Wasserbad bei 37 °C inkubiert. Die in der Tab. 2.5 aufgelisteten Enzyme wurden auf ihre Eignung, spezifische Fragmentmuster zu erzeugen, überprüft.

2.4.4.4.3 Fragmentlängen–Polymorphismen

Die Fragmentlängen der durch das Primerpaar ITS-1/ITS-4 amplifizierten und mit Restriktionsendonucleasen geschnittenen PCR–Produkte wurden, wie im

Tab. 2.5: Verwendete Restriktionsendonucleasen

Enzym (Hersteller)	**Basen (5'→ 3')** ↓ = Schnittstelle	**Isoschizomere**
Alu I (BRL)	AG ↓ CT	
Apa LI (BioLabs)	G ↓ TGCAC	Sno I
Ava II (BioLabs)	G ↓ G(A/T)CC	Afl I, Eco 47 I, Sin I
Bam HI (Boehringer)	G ↓ GATCC	Bst I
Dde I (BioLabs)	C ↓ TNAG	
Dra I (BRL)	TTT ↓ AAA	
Eco RI (Boehringer)	G ↓ AATTC	
Hae III (BRL)	GG ↓ CC	Bsu RI, Pal I
Hha I (BRL)	GCG ↓ C	Cfo I, Hin P1 I
Hind III (Boehringer)	A ↓ AGCTT	
Hinf I (Amersham Buchler)	G ↓ ANTC	
Knp I (BRL)	GTAC ↓ C	Asp 718 I
Msp I (Eurogentec)	C ↓ CGG	Hpa II, Hoa II
Pst I (Boehringer)	TGCA ↓ G	
Rsa I (BRL)	GT ↓ AC	Afa I
Sau 3A (Boehringer)	↓ GATC	Mbo I, Nde II
Sma I (BRL)	CCC ↓ GGG	
Taq I (Boehringer)	T ↓ CGA	
Xba I (Boehringer)	T ↓ CTAGA	
Xho I (BRL)	C ↓ TCGAG	

Kap. 2.4.4.3 beschrieben, nach elektrophoretischer Auftrennung bestimmt. Um eine gute Auftrennung der unterschiedlich langen DNA–Stücke zu erwirken, wurde hier mit einem 2 g/l Agarosegel gearbeitet, welches mit einfach konzentriertem TAE-Puffer (Kap. A.1.1.1) angesetzt wurde. Befüllt wurde jede Geltasche mit 12 μl Reaktionsgemisch bestehend aus 10 μl DNA–Amplikon + 2 μl Probenpuffer (Kap. A.1.1.1). Die Auftrennung erfolgte bei einer Spannung von 40 V bis die Lauffront der Proben ca. 5,5 cm von der Startlinie entfernt war. Die nachfolgende Färbung des Gels in Ethidiumbromidlösung und anschließende Photographie wurden, wie im Kap. 2.4.4.3 beschrieben, durchgeführt. Je heller bzw. stärker die einzelnen Banden fluoreszierten, desto höher war die enthaltene DNA–Konzentration.

Zur Abschätzung der DNA–Fragmentlängen wurde in beiden äußeren und in einer mittleren, der insgesamt bis zu 27 Geltaschen, je ein DNA–Marker (100 bp ladder, Gibco–BRL, Life Technologies GmbH, Eggenstein) mitgeführt. Befüllt wurden die einzelnen Taschen mit 4 μl DNA–Marker + 6 μl H_2O + 2 μl Probenpuffer. Diese Anordnung von Proben und DNA–Marker ermöglichte u. a. die Überprüfung einer gleichmäßigen Gelentwicklung. Die Fragmentlängen (Polymorphismen) der Hefen–DNA–Stücke wurden durch Vergleich mit den bekannten Längen des DNA–Markers (100 bp bis 1500 bp, jeweils in 100 bp–

Schritten je eine Bande plus eine 2072 bp–Bande, z. B. Abb. 3.10, Bahnen 1, 13, 26) abgeschätzt. Aufgrund der unterschiedlichen Abstände der Fragmente im Gel wurden Gruppen zusammengefaßt. Da für kleinere Fragmente die Gelabstände größer waren und somit deutlich voneinander differenziert werden konnten, wurde für Fragmente < 400 bp in den Abstufungen 0, 30, 70 und 100 bp abgelesen, wobei Bruchstücke < 100 bp nicht gewertet wurden. Bestimmt wurden somit die Längen 100 bp, 130 bp, 170 bp, 200 bp, 230 bp usw. Den DNA–Fragmenten > 400 bp wurde wegen des geringeren Gelabstandes die Abstufungen 0, 50 und 100 zugeordnet, d. h. 400 bp, 450 bp, 500 bp, 550 bp usw.

Die Muster, die sich nach dem Restriktionsverdau des ITS–Gesamtfragmentes ergeben hatten, wurden zur Analyse von ähnlichen bzw. identischen Hefestämmen miteinander verglichen. Zunächst wurde nach gleichen Mustern nach Verdau mit demselben Enzym gesucht. Zum Teil wurden Wiederholungen der elektrophoretischen Auftrennungen mit neuen nachbarschaftlichen Anordnungen der einzelnen Stämme vorgenommen. Zwei Isolate waren einander besonders ähnlich, wenn ihre Muster nach dem Verdau mit demselben Restriktionsenzym in möglichst vielen Fällen übereinstimmte. Für eine mögliche Identifizierung der endophytischen Hefepilze wurde nach identischen Mustern zu den mitgeführten Referenzstämmen gesucht.

Hatten sich für zwei Hefepilze nach Verdau mit demselben Enzym unterschiedliche Bandenmuster ergeben, so konnten diese beiden Stämme nicht identisch sein. Unterschiedlich schwere Banden spiegeln verschieden lange DNA–Fragmente wieder. Diese wurden durch vorhandene bzw. fehlende Schnittstellen verursacht. Die DNA–Bruchstücke liefern somit einen Hinweis auf die genetisch festgelegten Basenfolgen.

Die PCR–RFLP–Analyse wurde mit insgesamt 74 Pilzstämmen und 20 verschiedenen Restriktionsenzymen (Kap. 2.5) durchgeführt. Die Fülle an Daten war daher nicht durch Betrachten der entstandenen Muster zu bewältigen. Eine möglichst objektive Bewertung der Bandenmuster erfolgte durch Umsetzung der Muster in Zahlenwerte, mit denen Berechnungen von Distanzmatrizen und Clusteranalysen möglich wurden. Im einzelnen wurde folgendermaßen vorgegangen: Als Merkmale wurden die Basenpaarlängen sowohl des ITS–Gesamtfragmentes als auch die des größten Fragmentes nach Enzymbehandlung als Zahlenwert aufgenommen. Außerdem wurde die Anzahl vorhandener Restriktionsschnittstellen festgestellt, indem das Zerteilen des Gesamtfragmentes in zwei Bruchstücke durch Vorhandensein einer, in drei Stücke durch zwei Schnittstellen usw. bewirkt wurde. Nach Zuordnung der in Zahlen dargestellten Merkmale (Tab. 3.4) wurde der Abstand je zweier Hefepilze (= Objekte) zueinander mit dem Programm MSTAT, einer PC gestützten Datenanalyse von Bausch & Opitz (1992) berechnet (Kap. 2.5).

2.4.4.5 RAPD

Neben der PCR–RFLP–Analyse wurden 30 endophytische Hefepilze und 17 Referenzstämme einer weiteren PCR–Technik, der RAPD unterzogen.

2.4.4.5.1 PCR mit Zufallsprimern

Bei der Vermehrung von DNA nach der RAPD–Methode wurden random primer, d. h. Zufallsprimer mit willkürlicher Nucleotidsequenz eingesetzt. Es wurden ausschließlich Primer–Decamere der Firma Operon Technologies Inc. (Alameda, CA) verwendet. Diese hatten alle einen G+C–Gehalt zwischen 60 % und 70 % und keine selbstkomplementären und palindromischen Enden. Insgesamt wurden 17 verschiedene Primer (Tab. 2.6) auf ihre Eignung zur Amplifizierung der Hefen–DNA geprüft.

Tab. 2.6: Eingesetzte Zufallsprimer

Primer	**Nucleotidsequenz (5'→ 3')**	**GC–Gehalt (in %)**
OPD01	ACCGCGAAGG	70
OPD02	GGACCCAACC	70
OPD03	GTCGCCGTCA	70
OPD04	TCTGGTGAGG	60
OPD05	TGAGCGGACA	60
OPD06	ACCTGAACGG	60
OPD07	TTGGCACGGG	70
OPD08	GTGTGCCCCA	70
OPD09	CTCTGGAGAC	60
OPD10	GGTCTACACC	60
OPD11	AGCGCCATTG	60
OPD12	CACCGTATCC	60
OPD13	GGGGTGACCA	70
OPY02	CATCGCCGCA	70
OPY16	GGGCCAATGT	60
OPY18	GTGGAGTCAG	60
OPY20	AGCCGTGGAA	60

In der vorliegenden Untersuchung wurde für die RAPD–Methode die Taq–DNA–Polymerase „Stoffel-Fragment“ (Perkin Elmer, Applied Biosystems, Weiterstadt) verwendet. Die von Pastrik (1996) für diese Polymerase eingesetzten Konzentrationen der Reaktionskomponenten wie Template–DNA, Magnesiumkonzentration und Zufallsprimer, gewährleisteten reproduzierbare Amplifikationsergebnisse, sie wurden für die vorliegende Studie übernommen, wie in Tab 2.7 zusammengestellt. Optimierungen waren hingegen nötig für die einzusetzende Konzentration an Hefepilz–DNA.

Um Pipettierungenauigkeiten und –aufwand zu minimieren, wurden einige Reaktionskomponenten als „Mastermix" für mehrere Reaktionen vorbereitet (Möller et al., 1994). Dieser Mastermix enthielt Magnesiumchlorid, vier Desoxynucleosidtriphosphate, „Stoffel–Puffer" und den entsprechenden Zufallsprimer, die einzelnen Mengenzusammensetzungen sind Tab. 2.7 zu entnehmen. Zu 9 μl Mastermix wurden dann im zweiten Pipettierschritt 10 μl steriles, bidestilliertes Wasser, 5 μl Taq–DNA–Polymerase und 1 μl der isolierten Hefen–DNA gegeben, so daß ein Gesamtvolumen von 25 μl je Reaktion vorlag.

Tab. 2.7: Zusammensetzung des Reaktionsgemisches zur RAPD

Substanz	**Endkonzentration**	**Hersteller**
a) Mastermix:		
10 x Stoffel–Puffer	1 x konzentriert	Perkin Elmer
25 x 10^{-3} mol/l $MgCl_2$	4 x 10^{-3} mol/l	Perkin Elmer
1.25 x 10^{-3} mol/l dNTPs	100 x 10^{-6} mol/l	Boehringer Mannheim [3]
b) übrige Komponenten:		
10 x 10^{-6} mol/l Primer	0,2 x 10^{-6} mol/l	Operon Technologies
10 U/μl Polymerase	5 U/μl	Perkin Elmer
1-25 ng Template–DNA	2 ng/μl	aus Hefen extrahiert
H_2O, bidest.	Differenz zu 25 μl	

Durchgeführt wurde die Amplifizierung mit dem Thermocycler Gene Amp PCR 9600 (Perkin Elmer, Applied Biosystems, Weiterstadt). Eine Temperaturaufheizrate (Temperaturrampe) wurde nicht vorgegeben. Die Wahl der Reaktionsbedingungen wie Temperatur, Zeit, zu durchlaufende Zyklen usw. erfolgten nach Pastrik (1996). Nach dem 40sten Zyklus fand für 6 Minuten eine Endpolymerisierung statt. Danach wurden die Proben bereits im Thermocycler auf 4 °C heruntergekühlt. Bis zur weiteren Bearbeitung wurden die amplifizierten DNA–Produkte bei -20 °C eingefroren (Tab. 2.8).

2.4.4.5.2 Primerwirksamkeit

Mittels Gelelektrophorese wurden Primer ausgewählt, die an möglichst vielen der verschiedenen untersuchten Hefen–DNAs banden. Hierfür wurde DNA von Hefestämmen eingesetzt, die anhand stoffwechselphysiologischer Tests (Kap. 2.4.3.1) verschiedenen Gattungen zugeordnet worden waren (Tab. 3.3). Das Befüllen der Geltaschen und die elektrophoretische Auftrennung erfolgten wie in Kap. 2.4.4.4.3 beschrieben. Erfolgreiche Amplifizierungen wurden nach

[3] 2–Desoxynucleosid–5–triphosphat (dNTP) setzt sich zu gleichen Teilen zusammen aus: d ATP, d CTP, d GTP, d TTP.

Tab. 2.8: Schema zur RAPD–Amplifizierung im Thermocycler

Temperatur [°C]	Zeit [s]	Anzahl der Zyklen	Reaktionsschritt
94	150	1	Vordenaturierung
92 38 72	20 15 60	40	Denaturierung Primer–Hybridisierung DNA–Neusynthese
72 4	420 ∞	1	Endpolymerisierung

Ethidiumbromidfärbung (Kap. 2.4.4.2) aufgrund entstandener Bandenmuster sichtbar.

2.4.4.5.3 DNA–Konzentration und Bandenmuster

Um die nach der Amplifizierung entstandenen DNA–Teilstücke verschiedener Hefepilze miteinander vergleichen zu können, muß Reproduzierbarkeit gewährleistet sein. Außer von der durchführenden Person und den verwendten Chemikalienchargen sind insbesondere die Reaktionsbedingungen im Thermocyler für die Polymerasekettenreaktion von entscheidender Bedeutung (Newton & Graham, 1994; Burgermeister, pers. Mitteilung, BBA, Braunschweig). Zudem sind gute Steriltechniken nötig, um Kontaminationen zu vermeiden, so daß Chemikalien und Geräte ausschließlich für PCR–Techniken bereitzustellen sind (Vilgalys & Hester, 1990). Für die vorliegende Studie wurden alle PCR–Arbeitsschritte in demselben Labor und mit denselben, für die PCR ausgewiesenen Geräten durchgeführt.

Es wurde untersucht, inwieweit die eingesetzte Konzentration an DNA–Amplikon Einfluß auf das Bandenmuster hat. So wurden von 0,1 ng bis 36 ng sieben verschiedene DNA–Konzentrationen desselben RAPD–Produktes elektrophoretisch aufgetrennt und geprüft, ob sich für alle Konzentrationen dieselben Fragmentmuster nachweisen ließen.

2.5 Ähnlichkeitsanalysen

Die Ähnlichkeiten bzw. Verschiedenheiten der endophytischen Hefepilze untereinander bzw. zu den Referenzstämmen wurden mit dem Programm MSTAT (Bausch & Opitz 1992) bestimmt. Dazu wurde allen untersuchten Hefepilzen die entsprechenden Merkmale wie C–Quellenverwertungen und Wachstumseigenschaften (Kap. 2.4.3.1) bzw. Bandenmuster (Kap. 2.4.4.4.3) zugeordnet. Berechnet wurde der Abstand je zweier Hefepilze zueinander, indem alle Merkmale paarweise miteinander verglichen wurden. Für alle Hefestämme durchgeführt ergab sich eine Distanzmatrix, aus der sich Abstände für jedes Isolat zu jedem anderen Isolat ablesen lassen. Wurde bei der Berechnung paarweiser Objektdistanzen für die nominalen, polytomen Merkmale keine Gewichtung vorgenommen, konnte vom Verschiedenheitsmaß (v), siehe unten, auf die Anzahl unterschiedlicher Merkmale geschlossen werden.

Die mathematischen Grundlagen für die Bestimmung der Distanzmatix lassen sich wie folgt beschreiben: Die Distanz der Hefestämme i und j wurde bestimmt durch die Zahl der Merkmale, in denen diese nicht übereinstimmten.

Für die Distanz (d) der Merkmalsausprägung (a) des Hefepaares (i,j) bezüglich des nominalen Merkmals (k) galt:

$$d_{ij}^{k} = \begin{pmatrix} 1 & für & a_{ik} & \neq & a_{jk} \\ 0 & für & a_{ik} & = & a_{jk} \end{pmatrix}$$

Bezüglich aller nominalen Merkmale ergab sich daraus:

$$d_{ij}^{nom} = \sum_{k^{nom}} d_{ij}^{k}$$

Zur Bestimmung des Verschiedenheitsmaßes (v) wurde eine Clusterung nach dem ungewichteten average linkage Verfahren (UPGMA) durchgeführt. Jedes Objekt einer Klasse wurde mit jedem Objekt einer anderen Klasse verglichen, alle Distanzen summiert und durch die Anzahl aller möglichen Kombinationen dividiert:

$$v(K, L) = \frac{1}{\mid K \mid\mid L \mid} \qquad \sum_{i \in K j \in L} d_{ij}$$

Im Anschluß an die Clusteranalyse wurden die Ergebnisse als Dendrogramm dargestellt.

2.6 Reinfektion

2.6.1 Anzucht axenischer Kleepflanzen

Um axenische Pflanzen für Reinfektionsversuche zu erhalten, wurden diese aus oberflächensterilisierten Samen (Kap. 2.2.2.1) angezogen. Durch Auslegen einzelner Blattfiedern auf Nähragar wurde die Axenie überprüft.

Die zunächst vorgesehene Anzucht in autoklavierter Qualitätsblumenerde (Composana®; Landwirtschaftliche Untersuchungs- und Forschungsanstalt, Münster) wurde nicht weiter durchgeführt. Während die Keimrate der Samen in unsteriler Erde bei ca. 50% lag, keimten in sterilisierter Erde weniger als 20% aus. Um Sterilität der Erde zu gewährleisten, mußte diese länger als ≥ 1 h autoklaviert werden. Aber je länger die Erde autoklaviert worden war, desto weniger Samen keimten darin. Möglicherweise wurden hierdurch keimhemmende Substanzen freigesetzt.

Alternativ hierzu wurden oberflächensterilisierte Samen auf Nähragar ausgelegt. Auf dem zur Pilzisolierung verwendeten 1,2 %igen ME–Festagar keimten zwar bis zu 40 % der Samen, jedoch bildeten die kleinen Pflänzchen verkürzte Wurzeln aus, was zu Kümmerwuchs führte.

Eine optimierte Anzucht steriler Kleepflanzen lieferte folgende Vorgehensweise: 20 bis 30 oberfächensterilisierte Samen wurden unter aseptischen Bedingungen in Petrischalen (ϕ 9 cm) mit Weichagar (1 % Malzextrakt, 0,5 % Agar) ausgelegt. Jedes einzelne Samenkorn wurde mit einer Pinzette so in den Nähragar hineingedrückt, daß es vollständig von Substrat umgeben war. Hierdurch wurde eine frühzeitige Selektion kontaminierter Samen möglich: im umgebenden ME–Agar konnten sich vorhandene Mikroorganismen schnell vermehren und deren Kolonien wurden sichtbar. Zur weiteren Pflanzenanzucht wurden ausschließlich solche Samen verwendet, die keine Kontaminationen zeigten. Diese Vorgehensweise wird mittlerweile auch für die axenische Anzucht anderer Pflanzen (Gerste, Lärche, Taubnessel, Petersilie) in Institut erfolgreich eingesetzt.

Vorversuche bezüglich der Lichtführung ergaben für Weißklee die besten Keimraten, wenn die ausgelegten Samen zunächst dunkel gestellt wurden und erst danach ein Hell/Dunkel–Wechsel erfolgte. Da die meisten Samen zwischen dem zweiten und vierten Tag keimten, wurden die frisch ausgelegten Kleesamen bei Raumtemperatur (23 ±3 °C) zwei Tage im Dunkeln aufbewahrt. Weiteres Wachstum erfolgte dann bei 20°C und einem Wechsel von 16h Licht (Leuchtstoffröhren: Philips TLD 32W/84HF, Holland) und 8h Dunkelheit für bis zu sechs Tage.

Autoklavierbare Anzuchttöpfe (*Phytacon*^{TM} Sigma P-4928) wurden mit 80 g Lecaton (Leca-Deutschland GmbH) und 40 ml Knop'scher Nährlösung (Kap. A.1.2) befüllt und für eine Stunde bei 121°C sterilisiert. Vier bis acht Tage nach dem Auslegen der Samen auf Weichagar wurden die jungen Pflänzchen unter aseptischen Bedingungen in die Anzuchttöpfe gepflanzt.

Parallel zur Anzucht in Lecaton wurden junge Pflänzchen in Reagenzgläsern mit 5 ml Knop'scher Nährlösung überführt. Um ein Absinken der kleinen Kleepflanzen zu verhindern, waren in den Reagenzgläsern zusammen mit der Nährlösung M–förmig geknickte Filterpapierstreifen autoklaviert worden.

Sobald mehrere Sekundärblätter ausgebildet waren bzw. frühestens drei Wochen nach Aussaat, wurde getestet, ob es gelungen war, axenische Pflanzen anzuziehen. Hierzu wurden einzelne Fiedern unter aseptischen Bedingung abgetrennt und auf Nähragar ausgelegt. Wenn nach mehreren Wochen keine Kolonien auf dem Nähragar bzw. direkt auf dem Pflanzenmaterial gewachsen waren, konnte davon ausgegangen werden, daß die Pflanze keine Mikroorganismen enthielt, also axenisch war.

Für Reinfektionsversuche (Kap. 2.6.2) wurden ausschließlich vitale Pflanzen ausgewählt, für die keine Besiedelung mit Mikroorganismen durch Auslegen einzelner Fiederblätter nachgewiesen worden war.

2.6.2 Infektionen

Einige der in Kultur genommenen Endophyten wurden wieder mit der Wirtspflanze in Kontakt gebracht, um die Fähigkeit zur Reinfektion zu prüfen. Dazu wurden sowohl Vertreter der am häufigsten isolierten Stämme als auch solche aus den verschiedenen systematischen Gruppen ausgewählt (Tab. 3.1). Zudem wurden ausschließlich Arten eingesetzt, die nicht als Epiphyten isoliert worden waren (Tab. 2.9).

Tab. 2.9: Auf Reinfektionsfähigkeit überprüfte Endophyten

Endophyt(systematische Gruppe)	**Inokulationsmethode**
Acremonium kiliense (Hyphomycet)	Suspension zur Nährlösung
Colletotrichum trifolii (Coelomycet)	Suspension zur Nährlösung
Cryptococcus laurentii (Hefe, imperfekt)	Suspension auf Klee gesprüht
Fusarium tabacinum (Hyphomycet)	Suspension zur Nährlösung
Nodulisporium ochraceum (Hyphomycet)	Suspension zur Nährlösung
Leptosphaerulina trifolii (Ascomycet)	Mycelblöckchen an Wurzel
Rhodotorula minuta (Hefe, imperfekt)	Suspension auf Klee gesprüht
Stemphylium vesicarium (Hyphomycet)	Suspension zur Nährlösung

Inokulation von Mycelpilzen:
Je ein Milliliter Sporensuspensionen (3×10^6 bis 9×10^7 Zellen/ml) wurde der Nährlösung, in der die Pflanzen in Reagenzgläsern angezogen worden waren, zugegeben. Die inokulierten Pflanzen wurden im Kulturraum bei 20°C mit 16h Licht (Kap. 2.6.1) und 8h dunkel weiter inkubiert. Da der Ascomycet *Leptosphaerulina trifolii* in Kultur nur schwer zur Sporenbildung anzuregen war, wurde dieser als Mycel–Agarblöckchen (5 x 5 mm) an die Grenze Wurzel/Hypokotyl von in Lecaton gewachsenen Pflanzen gesetzt und diese, wie oben beschrieben, weiter kultiviert.

Inokulation von Hefen:
Mit etwa 1 ml einer wäßrigen Hefezell–Suspension (ca. 10^6 Zellen/ml) wurden drei bis vier Wochen alte, axenische Pflanzen in den Anzuchttöpfen mit Hilfe eines Glassprühgerätes von oben besprüht. Die Bedingungen zur weiteren Inkubation wurden beibehalten.

In einem weiteren Versuchsansatz wurde getestet, ob endophytische Hefepilze die Besiedelung durch ein Pathogen abwehren können. Dazu wurden axenisch angezogene Pflanzen mit dem rot pigmentierten Isolat (23) präinokuliert. Sieben Tage später erfolgte eine Inokulation mit *Leptosphaerulina trifolii* am Wurzelhals der Pflanzen.

2.6.3 Reisolierung

Nach fünf, zwölf und 21 Tagen wurde geprüft, ob sich nach der oben (Kap. 2.6.2) beschriebenen Inokulationsvariante durch Besprühen mit einer Hefezellsuspension bzw. nach Inokulation am Wurzelansatz mit Mycel dieselben Pilze wieder aus der Wirtspflanze isolieren lassen. Oberirdische Pflanzenteile wurden unter aseptischen Bedingungen abgetrennt, oberflächensterilisiert und, wie bei der Endophytenisolierung in Kap. 2.2.2.3 beschrieben, nach Zerteilen in Segmente auf Nähragar ausgelegt. War die Sporensuspension in die Nährlösung gegeben worden, wurden Blatt– und Stielsegmente ohne Oberflächensterilisation auf Nähragar ausgelegt.

Konnte der Pilz, mit dem inokuliert worden war, wieder isoliert werden, wurde dies als Infektion gewertet.

2.7 Nachweis endophytischer Pilze im Blatt

Zunächst wurde versucht, durch Mikroskopieren Anilinblau–gefärbter natürlich infizierter bzw. reinfizierter Blatt– und Stielstücken Mycel oder Hefezellen im Inneren des Pflanzenmaterials nachzuweisen. Da gerade endophytische Mikrooranismen oft nur in sehr begrenzten Arealen des Wirtes zu finden sind, wurden weitere Methoden eingesetzt, um endophytische Pilze zu detektieren.

2.7.1 Epidermispräparation

Unbehandelte Kleeblätter von Freilandpflanzen wurden mit der Ober– bzw. Unterseite auf einem durchsichtigen Streifen beidseitig klebender DX–Folie, welche vorher auf einen Objektträger geklebt worden war, befestigt. Anschließend konnte durch vorsichtiges Abstreifen der übrigen Zellschichten mit einem Skalpell die Epidermisschicht freigelegt werden (Götz, 1991). Nach Färben mit Trypanblau (Kap. 2.4.2.1) sollte im Lichtmikroskop festgestellt werden, inwieweit sich in den Epidermiszellen endophytische Pilze finden lassen.

2.7.2 Gewebedünnschnitte

Mit einem Gefriermikrotom (Model 1206, Reichert–Jung, Nußloch) wurden Gewebedünnschnitte mit einer Schnittdicke von 25–40 μm angefertigt. Dazu wurden Blatt– und Stielstücke direkt in dem Einbettmedium Reichert–Jung 08926 auf dem Objekttisch bei ca. –30 °C eingefroren und anschließend mit Einwegmessern (Disposable Mikrotome Blades Model 818, Reichert–Jung, Nußloch) geschnitten. Mehrere Schnitte wurden auf einem Deckgläschen aufgenommen und danach mit einem Tropfen Trypanblaulösung (Kap. 2.4.2.1) gefärbt.

Parallel hierzu wurde zur Stabilitätserhöhung ein Teil des instabilen, krautigen Pflanzenmaterials vor dem Schneiden in Gelatine eingebettet: Blatt– und Stielstücke wurden 24 Stunden in AFE (Kap. A.1.1.3) fixiert, dreimal in aqua dest. gespült und dann in 12 %ige Gelatinelösung überführt. Die Infiltration erfolgte für 24 Stunden bei 40°C im Wasserbad. Danach wurde das Pflanzenmaterial in 24 %ige, flüssige Gelatine gegeben, welche bei 4°C fest wurde. Mit einer Rasierklinge wurden kleine Blöckchen daraus keilförmig getrimmt und die eingebetteten Präparate am Gefriermikrotom, wie oben beschrieben, aufgeblockt, geschnitten und schließlich mit Trypanblau gefärbt.

2.7.3 Apoplastenflüssigkeit

Neben mikroskopischen Nachweismethoden sollte geprüft werden, inwieweit Pilzzellen in den Interzelluaren der Leitbündel von *Trifolium repens* vorkommen. Dazu wurde Apoplastenflüssigkeit aus natürlich infizierten, oberflächensterilisierten Blattstielen auf ME–Agar, sowohl mit als auch ohne Antibiotikazusatz (Kap. A.1.2) ausgespatelt und auf Wachstum von Mikroorganismen bonitiert. Die Gewinnung der Apoplastenflüssigkeit aus den Stielen von Weißklee erfolgte nach einer Methode von Dervall & Dekain (1985), variiert von Götz (1996): Jeweils 10 bis 15 ca. 5 cm lange, sterilisierte Stielstücke wurden mit einem Aluminiumstreifen gebündelt und mit bündigen Schnittstellen in Reagenzgläser überführt, welche 10 ml Mc Ilvaine–Puffer (Kap. A.1.1.1) enthielten. Mit einer Wasserstrahlpumpe (ca. 2×10^4 Pa Unterdruck) wurde infiltriert, insgesamt sieben mal für jeweils 45 Sekunden mit 15 Sekunden Pause. Hiernach wurden die Stiele in Kunststoffröhrchen (Falcon–Röhrchen, ϕ 1.7 cm; Becton Dickinson GmbH, Heidelberg) gegeben, deren Böden zuvor perforiert worden waren. Eppendorfspitzen dienten dazu, diese Röhrchen in größeren Zentrifugenröhrchen (ϕ 3 cm, Greiner GmbH, Solingen) so zu fixieren, daß sich die Apoplastenflüssigkeit aus den Stielen nach Zentrifugation in diesen sammeln konnte. Zentrifugiert wurde bei Raumtemperatur für 30 Minuten bei 190 x g in einer GPR–Tischzentrifuge (mit GH–3.7 Horizontal–Rotor, Beckmann Instruments GmbH, München). Aus jeweils 10 bis 15 Stielen wurden 400 bis 500 μl Apoplastenflüssigkeit gewonnenen. Je Petrischale wurden 100 μl auf Nähragar ausgespatelt und schließlich das Mikroorganismenwachstum überprüft.

2.7.4 Fluoreszenzfärbungen

Die Fluoreszenzmikroskopie, insbesondere zum Nachweis von endophytischen Pilzen im pflanzlichen Gewebe, erfolgte am Zeiss-Mikroskop mit Aufsetzkamera M 35 und Steuerpult M 36, Objektive: Plan 6.3x/0,16; 16x/0.35; 40x/0.65; Planapo 63x/1.4 Öl; 100x/1.3 Öl. Für mikroskopische Vergrößerungen mit dem 63x Objektiv wurde das Olympus Fluoreszenzimmersionsöl (nd=1.404, 25 °C) verwendet. Folgende Strahlungsteiler und Filter standen zur Verfügung: Blauviolett H 436, Anregungsfilter BP 436, Farbteiler FT 460 und Sperrfilter CP 470. Für photographische Aufnahmen wurden Farb–Diafilme eingesetzt (Sensia 100, Fujichrome RD 135, Tageslicht).

2.7.4.1 Calcofluor

Der an Cellulose, Chitin oder Callose bindende Fluoreszenzfarbstoff Calcofluor white M2R (Sigma F-6259) wurde nach der Methode von Rohringer et al. (1977) als 0,1 %ige wäßrige Lösung eingesetzt. Fixiertes oder in 10 %iger KOH–Lösung aufgehelltes Blattmaterial wurde am Gefriermikrotom geschnitten (Kap. 2.7.2). Die auf Deckgläschen aufgenommen Schnitte wurden durch Überschichten mit der Färbelösung für 10 bis 15 Minuten gefärbt. Mittels Pasteurpipetten wurde der Farbstoff vorsichtig abgesaugt und die Schnitte dreimal mit aqua dest. gespült. Die Schnitte wurden in Glycerin : Wasser (1:1) bei UV– bzw. Blauanregung mikroskopiert.

2.7.4.2 DAPI (4,6-Diamidino-2-phenylindol)

DAPI ist ein an Nucleinsäuren bindender Farbstoff und kann aufgrund der Kernfärbung zur Bestimmung der Vitalität von Mikroorganismen eingesetzt werden. Die Färbelösung, 25 μg DAPI in 25 ml PBS (Kap. A.1.1.1) wurde zur Kernfärbung an Reinkulturen für 20 bis 30 Minuten angewendet. In DAPI–gefärbten, oberflächensterilisierten Blättern sollten mittels Fluoreszenzmikroskopie endophytische Pilze im Blattinneren sichtbar gemacht werden.

2.7.4.3 FDA (Fluoresceindiacetat)

Durch enzymatische Hydrolyse wird Fluorescein in der Cytoplasmamembran angereichert, so daß lebende Zellen im UV–Licht bei 360 nm hellgrün fluoreszieren. Zum Färben wurden in Anlehnung an Allan (1991) 2 ml Hefesuspension in PBS–Puffer (Kap. A.1.1.1) mit 1 ml FDA (Kap. A.1.1.2) gemischt. Nach einer Einwirkzeit von 45 Minuten erfolgten zwei Spülschritte mit sterilem Leitungswasser. Dazu wurde fünf Minuten bei 1700 Upm zentrifugiert und dann dekantiert. Das Pellet wurde in 2 ml sterilem Leitungswasser aufgenommen und dieser Spülgang wiederholt. Die fluoreszierende Wirkung wurde mikroskopisch überprüft. Zusätzlich wurde die Vitalität gefärbter Hefezellen kontrolliert. Gefärbte Zellen wurden auf ME–Agar (Kap A.1.2) geimpft und bei Raumtemperatur (23 ±3 °C) und Tageslicht inkubiert. Nach zwei und nach drei Tagen wurde auf Wachstum bonitiert.

Ob sich Hefezellen mit dem Transpirationsstrom der Wirtspflanze transportieren lassen, sollte mit folgender Versuchsanordnung geklärt werden: Blätter von *Trifolium repens*, deren Stiele unter Wasser abgeschnitten worden waren, wurden unverzüglich in 2 ml Eppendorfgefäße mit 200 μl Hefesuspension (ca. 10^6 Zellen/ml) überführt. Die Zellen waren zuvor, wie oben beschrieben, in FDA gefärbt worden. Nach einer halben, einer sowie zwei Stunden wurden jeweils mehrere Blätter mikroskopiert.

2.7.4.4 Anilinblau, basisch

Um endophytische Pilze im Inneren vom Weißklee nachzuweisen, fand eine Behandlung mit KOH–Anilinblau nach Hood & Shew (1996) Anwendung. Frisches Probenmaterial wurde oberflächensterilisiert (Kap. 2.2.2.1) und anschließend folgendermaßen behandelt: Die zu untersuchenden Proben wurden in 50–60 ml 1 M Kalilauge im 100 ml Erlenmeyerkolben entweder 15 Minuten lang autoklaviert oder über mehrere Monate in der Lösung belassen. Danach wurde das Blattmaterial in Gefäße mit sterilem, deionisierten Wasser überführt und durch leichtes Schwenken der Gefäße gespült. Zur Präparatherstellung wurden wenige Tropfen einer 0,05 %igen, gepufferten Anilinblau-Lösung (Kap. A.1.1.2) auf den Objektträger gegeben und im Mikroskop mit Fluoreszenzaufsatz bei UV–Anregung das Blattmaterial auf Pilzstrukturen überprüft.

3 Ergebnisse

Im Folgenden werden neben der reinen Ergebnisbeschreibung einige Erklärungen gegeben bzw. Ergebnisse aus vorangegangenen Kapiteln einbezogen, sofern dies dem besseren Verständnis der Versuchsabfolgen dient. Insbesondere bei der Identifizierung der Hefepilze werden die angewendeten Verfahren zueinander in Beziehung gesetzt.

3.1 Isolierte Epiphyten

Für Vergleichszwecke wurde zunächst das Epiphytenspektrum erfaßt. Durch Abdrücken unbehandelter Kleeblätter und –stiele auf Antibiotika–Agar (Kap. A.1.2) konnten verschiedene mit der Blatt– bzw. Stieloberfläche assoziierte Pilze erfaßt werden.

Folgende Gattungen waren vertreten: *Absidia, Alternaria, Arthrinium, Aspergillus, Aureobasidium, Botrytis, Cladosporium, Epicoccum, Fusarium, Mucor, Penicillium, Phoma, Rhizoctonia, Truncatella, Trichoderma, Ulocladium.* Besonders häufig waren dabei Vertreter von *Alternaria, Aureobasidium, Botrytis, Cladosporium, Fusarium, Penicillium* und *Phoma* anzutreffen. Außerdem wurden verschiedene sterile Mycelien und mehrere Hefepilze, darunter *Cryptococcus*– und *Rhodotorula*–Stämme isoliert (Kap. 3.3.3).

3.2 Isolierte Endophyten

Die zur Kontrolle der Oberflächensterilisation angelegten Abdruckplatten zeigten auch nach mehr als zwei Monaten keinen Bewuchs. Außen am Pflanzenmaterial anhaftende Mikroorganismen sind somit durch die Sterilisationsbehandlung entfernt oder abgetötet worden.

Bereits drei bis vier Tage nach dem Auslegen des Pflanzenmaterials auf Nähragar wurden erste Mycelien sichtbar, die aus den oberflächensterilisierten Pflanzensegmenten ausgewachsen waren. Während bei manchen Kleestückchen frühzeitig Verbräunung oder Austrockung eintrat, blieben viele über lange Zeit vital und hellten lediglich ein wenig auf. Bei einzelnen Segmenten zeigte sich erst nach fast drei Monaten Pilzwachstum. Für nahezu 50% der ausgelegten Blatt– und Stielsegmente konnte nach der optimierten Laugenbehandlung Besiedelung durch Mycel– und/oder Hefepilze nachgewiesen werden. Häufig wuchs aus einem Pflanzenstück gleiches Mycel an mehreren Stellen aus, was darauf schließen läßt, daß offensichtlich Mehrfachinfektionen einer Pilzart vorkamen.

Aus einzelnen Wirtspflanzenindividuen wuchsen zwar keine Pilze aus, jedoch konnte für alle untersuchten Standorte zu den verschiedenen Zeitpunkten der Probennahme Endophytenbesiedelung nachgewiesen werden. Um das

Verhältnis auswachsender Mycelien zu Hefen abzuschätzen, wurde makroskopisch, z. T. per Lupe (75 fache Vergrößerung), das Wachstum der Ursprungsisolate gewertet, bevor weitere Isolierungsschritte folgten. Davon ausgehend, daß jede makroskopisch sichtbare Kultur seinen Ursprung in einem Individuum hat (Näveke & Tepper, 1982), ließ sich für ca. 20 % aller Endophyten hefiges Wachstum feststellen. Außerdem fiel auf, daß ein Myceltyp, später als *Leptosphaerulina trifolii* identifiziert (Kap. 3.3.1), regelmäßig auftrat und mit nahezu 30 % den größten Anteil der isolierten Pilze ausmachte. Vertreter der Gattung *Colletotrichum* wurden aufgrund von Setenbildung ebenfalls bereits per Lupe systematisch eingeordnet (Kap. 3.3.1) und bildeten ca. 8 % der Endophyten.

In Stammkultur wurde aus Kapazitätsgründen nur ein Teil der ausgewachsenen und makroskopisch charakterisierten Mycelien bzw. Hefepilze übernommen. Wenn beobachtet werden konnte, daß aus mehreren Segmenten eines Blattes oder eines Stieles gleich aussehendes Mycel auswuchs, wurde maximal ein- bis zweimal abgeimpft. Hierdurch wurde der Tatsache Rechnung getragen, daß beim Zerschneiden eines Pflanzenteiles das darin befindliche Mycel eines Pilzes zufällig mit zerteilt worden sein kann. Waren an einem Pflanzensegment mehrere Hefekulturen mit derselben Farbe und Oberflächenstruktur gewachsen, wurde auch hier nur von einigen abgeimpft und Stammkulturen angelegt.

184 Endophytenstämme, davon 67 Hefen, wurden in Kultur genommen und, soweit möglich, identifiziert (Tab. 3.1 und 3.3). Es kam allerdings vor, daß nach der zweiten oder dritten Passage ein Isolat auf dem künstlichen Nähragar nicht mehr anwuchs. Von 13 Hefeisolaten, die zunächst ebenso wie die Mycelpilze auf Biomalzschrägröhrchen für die Stammhaltung kultiviert worden waren, ließen sich keine Subkulturen mehr herstellen. Mit Ausnahme eines rot pigmentierten Stammes handelte es sich hierbei um beige Vertreter. Alternative Verfahren zur Konservierung kamen erst später zum Einsatz (Kap. 2.3.2). Identifizierungen bzw. vergleichende Analysen wurden daher für 54 Hefestämme durchgeführt.

Aufgrund der indirekten Erfassungsmethode über Isolierungen auf künstlichem Nähragar sind Angaben zur quantitativen Besiedelung des Wirtes Weißklee nicht möglich (Kap. 4.1). Wie bereits erwähnt, ließen sich für alle untersuchten Standorte Endophyten nachweisen. Die Berücksichtigung jahreszeitlicher Schwankungen oder standortbedingter Faktoren war nicht Ziel der vorliegenden Untersuchung. Stattdessen sollte das Aufsuchen mehrerer Standorte in aufeinander folgenden Jahren, z. T. zu unterschiedlichen Jahreszeiten, gewährleisten, daß ein möglichst großes Spektrum endophytischer Pilze der Wirtspflanze *Trifolium repens* isoliert wurde. Dies führte erstmals zum Nachweis einer großen Vielfalt endophytischer Hefen. Zur Lokalisation von Endophyten wurden verschiedene Färbeverfahren eingesetzt (Kap. 3.5).

3.3 Identifizierung der Endophyten

Die Identifizierung sporulierender Mycelpilze erfolgte der Bestimmungsliteratur entsprechend nach ihren makroskopischen und mikroskopischen Merkmalen. Für eine taxonomische Einordnung der isolierten Hefepilze wurden zusätzlich zu den morphologischen Eigenschaften physiologische Merkmale herangezogen. Weiterhin wurden molekularbiologische Untersuchungen mittels PCR–Techniken durchgeführt und Ähnlichkeitsvergleiche per Clusteranalysen angestellt.

3.3.1 Endophytische Mycelpilze

Pilze sind nur anhand ihrer Sporen eindeutig systematisch einzuordnen. Einige Isolate zeigten jedoch z.T. über Monate auf dem zunächst eingesetzten ME–Agar mit Antibiotikazusatz (Kap. A.1.2) nur vegetatives Wachstum. Sporulationsanregungen, wie in Kap. 2.4.1 beschrieben, führten mit nährstoffärmeren Medien und bei 15°C bei einzelnen Isolaten zum gewünschten Erfolg (s. u.). Eine Kältebehandlung der Isolate auf ME–Agar für ca. sieben Tage bei 8 °C bewirkte keine Sporenproduktion.

Von den 117 in Kultur genommenen Mycelpilzen konnten 98 Stämme 20 verschiedenen Gattungen zugeordnet werden, wobei 36 Arten vertreten waren (Tab. 3.1). Trotz Anwendung verschiedener Kultivierungsverfahren bildeten 19 Isolate keine Sporen aus. Sie wurden 11 verschiedenen morphologischen Typen zugeordnet. Das Anlegen der Kulturen war in erster Linie von dem Ziel bestimmt, möglichst alle verschiedenen morphologischen Myceltypen zu erfassen.

Eine Hauptfruchtform bildeten in Kultur nur die vier Ascomyceten *Chaetomium indicum, Podospora anserina, Leptosphaerulina trifolii* und *Pyrenopeziza trifolii* aus. Das mit 30 % aller endophytischen Pilze am häufigsten aus den Pflanzensegmenten ausgewachsene Mycel (Kap. 3.2) konnte als *L. trifolii* identifiziert werden. Dieser dunkelbraun bis schwarz pigmentierte Pilz wuchs auf Festagar nur sehr langsam (ca. 1cm/Monat). Sporulationen wurden auf Wasseragar, dem Kleeblätter zugesetzt worden waren (Kap. A.1.2) erzielt. Im mikroskopischen Bild waren nach Färbung mit milchsaurem Anilinblau bitunicate Asci und mehrfach septierte Ascosporen deutlich erkennbar. Die Ascosporen keimten auf dem Weißklee gut (Abb. 3.1).

Die überwiegende Anzahl der sporulierenden Isolate bildete auf Nähragar ausschließlich Nebenfruchtformen aus, so daß diese in der Tab. 3.1 den Deuteromycetes zugeordnet wurden. Als Hyphomycetes–Vertreter konnten 13 Gattungen mit 22 Arten identifiziert werden, während drei verschiedene Gattungen mit insgesamt zehn Arten innerhalb der Gruppe der Coelomycetes bestimmt wurden. Von diesen 16 identifizierten Deuteromycetes–Gattungen konnten Vertreter von *Acremonium, Alternaria, Cladosporium, Fusarium* und *Colletotrichum* aus allen Standorten isoliert werden.

Die Identifizierung von Mycelpilzen in der Gruppe der Deuteromycetes soll

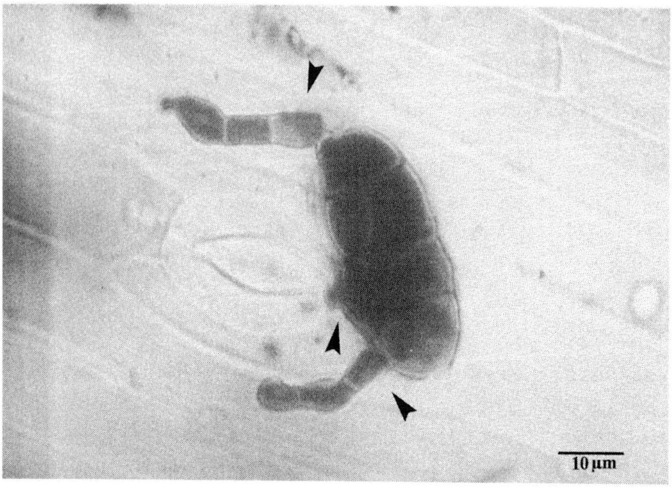

Abb. 3.1: Auskeimende Ascospore von *Leptosphaerulina trifolii*
Mit dem als Endophyten isolierten Pilz wurden axenische Weißkleepflanzen inokuliert. Die septierte Spore liegt neben einer Spaltöffnung und keimt (Pfeile) an drei Sektoren aus. Milchsaure Anilinblaufärbung.

exemplarisch anhand der Charakteristika innerhalb der Gattung *Colletotrichum* erläutert werden. Bereits mit der Lupe (Vergrößerung 75fach) waren die von vielen Vertretern dieser Gattung ausgebildeten Seten sichtbar. Das makroskopische Erscheinungsbild von *C. trifolii* ähnelte auf Festagar zunächst sehr dem des Ascomyceten *L. trifolii*, jedoch wuchs das Mycel schneller und wurde zunehmend schwarz. Demgegenüber bildete z. B. *C. truncatum* dunkelgraues Luftmycel aus. Im mikroskopischen Bild ließen sich die beiden *Colletotrichum*-Arten neben der Sporenform und -größe auch aufgrund ihrer unterschiedlich geformten Appressorien unterscheiden. Durch Inkubation der in Wasser hergestellten Präparate in einer feuchten Kammer (dunkel, bei 17°C ; Sutton, B.C., pers. Mitteilung, IMI, Kew, UK) konnte Appressorienbildung induziert und die Arten differenziert werden (Abb. 3.2). Zur Bestimmung waren in diesem Fall also die morphologischen Merkmale Mycelfarbe, Setenbildung, Sporengröße und -form sowie Appressorienform hilfreich.

Vergleicht man das Gattungs- bzw. Artenspektrum isolierter Epiphyten und Endophyten miteinander, so ließen sich Gattungen wie *Alternaria, Arthrinium, Aureobasidium, Botrytis, Cladosporium, Epicoccum, Fusarium, Penicillium, Phoma* und verschiedene Hefepilze (Tab. 3.3) in beiden Fällen nachweisen. Ausschließlich als Endophyten wurden isoliert: Die vier Ascomyceten *C. indicum, P. anserina, L. trifolii* und *P. trifolii*, desweiteren *F. tabacinum, N. ochraceum, S. vesicarium, T. inaequalis* und *C. fuckelii*, sowie Vertreter von *Acremonium, Drechslera* und *Colletotrichum* (Tab. 3.1).

Tab. 3.1: Spektrum der isolierbaren endophytischen Mycelpilze

Gattung/Art	**Bestimmungsliteratur**
Ascomycetes	
Chaetomium indicum Kunze : Fries	Domsch 1980
Podospora anserina (Ces. in Rabenh.) Niessl	Mirza & Cain 1969
Leptosphaerulina trifolii (Rostrup) Petrak	Ellis & Ellis 1997
Pyrenopeziza trifolii (Biv.-Bernh.) Fuckel	Breitenbach & Kränzlin 1981, Ellis & Ellis 1997
Deuteromycetes	
1) Hyphomycetes	
Acremonium kiliense Grütz	Domsch 1980, Gams 1971
Acremonium strictum W. Gams	Domsch 1980, Gams 1971
Alternaria alternata (Fries) Keissler	Ellis 1971, Domsch 1980
Alternaria spec. Nees : Fries	Ellis 1971, Domsch 1980
Arthrinium phaeospermum (Corda) M.B. Ellis	Ellis & Ellis 1997
Aureobasidium pullulans (de Bary) Arnaud	Domsch 1980
Botrytis cinerea Pers. : Nocca & Balbis	Domsch 1980
Botrytis spec. Mic : Fries	Domsch 1980
Cladosporium cladosporioides (Fres.) de Vries	Domsch 1980
Cladosporium herbarum (Pers.) Link : Gray	Ellis 1971
Cladosporium spec. Link : Fries	Domsch1980, Ellis 1971
Drechslera biseptata (Sacc. & Roum.) Richardson & Fraser	Ellis 1971
Drechslera erythrospila (Drechsler) Shoemaker	Ellis 1971
Drechslera siccans (Drechsler) Shoemaker	Ellis 1971
Epicoccum purpurascens Ehrenb. : Schlecht	Ellis 1971
Fusarium spec. Link : Fries	Domsch 1980
Fusarium tabacinum (van Beyma) W. Gams	Gams 1971, Gerlach & Nirenberg 1982
Nodulisporium ochraceum Preuss	Ellis 1971
Penicillium fumiculosum Thom	Domsch 1980
Penicillium spec. Link : Fries	Domsch 1980
Stemphylium vesicarium (Wallroth) Simmons	Ellis 1971
Tricellula inaequalis van Beverw.	Domsch 1980
2) Coelomycetes	
Coniothyrium fuckelii Saccardo	Domsch 1980
Colletotrichum gloeosporioides (Benz.) Saccardo	Sutton 1980
Colletotrichum trifolii Bain & Essary	Ellis & Ellis 1997, Sutt. 1992
Colletotrichum truncatum (Schw.) Andrus & Moore	Sutton 1980
Phoma betae Frank	Sutton 1980
Phoma cf. dennisii Boerema	Sutton 1980
Phoma lycopersici Cooke	Sutton 1980
Phoma spec. Saccardo	Sutton 1980
Phoma spec. I Saccardo	Sutton 1980
Phoma cf. tropica Schneider & Boerema	Sutton 1980
19 sterile Mycelien mit 11 verschiedenen morphologischen Typen	

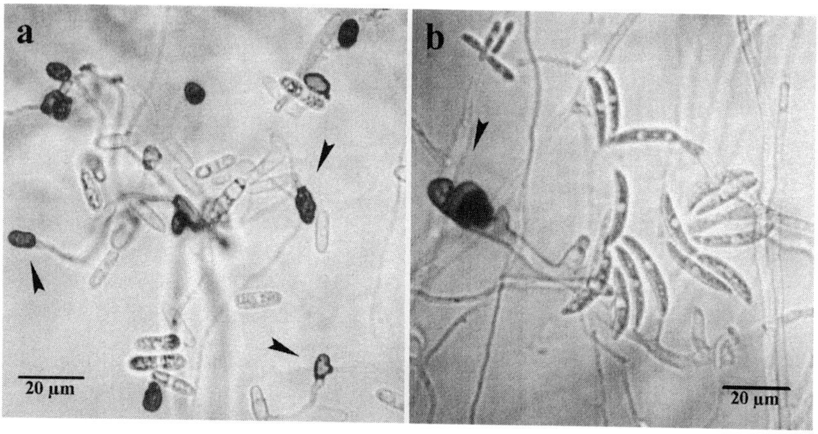

Abb. 3.2: *Colletotrichum trifolii* und *C. truncatum* mit Appressorien

Zur Induzierung von Appressorien wurden Sporenpräparate in feuchten Kammern inkubiert. a) *C. trifolii* hat längliche Sporen mit abgerundeten Enden. Die Appressorien (Pfeile) sind wenig unregelmäßig. b) *Colletotrichum truncatum* mit sichelförmigen Sporen und einem unregelmäßig geformten Appressorium (Pfeil).

3.3.2 Morphologie endophytischer Hefepilze

Bei etwa 20 % aller isolierten Endophyten handelte es sich um hefig wachsende Stämme (Kap. 3.2). Licht– und rasterelektronenmikroskopische Aufnahmen machten deutlich, daß eine Identifizierung sprossender Pilze allein mit morphologischen Merkmalen nahezu unmöglich ist. Während bei Mycelpilzen häufig mehrere charakteristische Strukturen und Formen erkennbar sind (Beispiel *Colletotrichum*, Kap. 3.3.1), ließen sich für die untersuchten Hefen im Mikroskop nur Zellgrößen und –formen sowie Sprossungsmodi beobachten. Zu Vergleichszwecken wurden zusätzlich Referenzstämme mikroskopiert. Besonders auffällig waren lediglich die von einigen endophytischen Hefeisolaten ausgebildeten Sterigmen, wodurch diese Gruppe sich eindeutig von den übrigen Stämmen als Ballistosporenbildner abgrenzen ließ (Abb. 3.3).

Demgegenüber hatte der weitaus überwiegendere Teil der Hefepilze kugelige bis längliche Mutterzellen mit einer, manchmal auch zwei bzw. drei an gegenüberliegenden Polen inserierten Tochterzellen. Ausnahmen mit besonders lang gestreckten Zellen bis ca. 6 μm bildeten die beiden Referenzstämme von *Cryptococcus hungaricus* und *C. humicolus* (Abb. 3.4 a). Die übrigen *Cryptococcus*–Referenzen wie *C. flavus* und *C. laurentii* ließen sich anhand ihrer mikroskopischen Erscheinungsformen nicht von den *Rhodotorula*–Stämmen *R. glutinis*, *R. minuta* oder *R. mucilaginosa* bzw. von den endophytischen Isolaten unterscheiden. Die Formen– und Größenunterschiede innerhalb einer Population, wie in Abb. 3.4 d) beispielhaft gezeigt, erschwerten zudem klare Aussagen zu Größenangaben eines bestimmten Isolates.

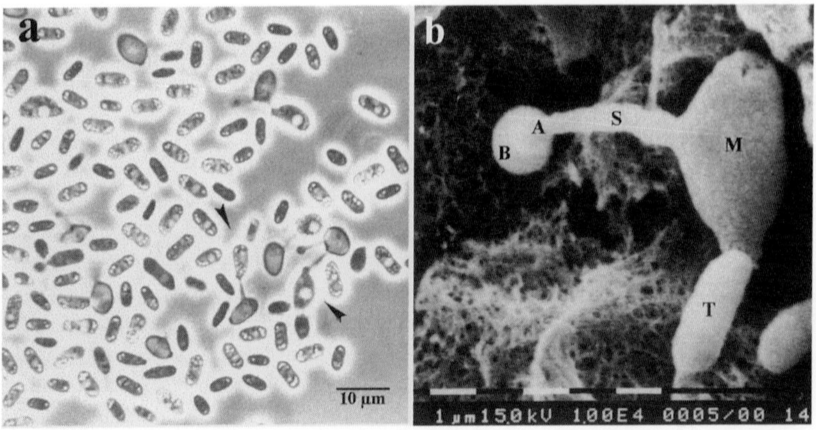

Abb. 3.3: Ballistosporenbildende Hefezellen von *Bullera alba*

a) Hefeisolat (20): Mutterzellen mit Sterigmen und Ballistosporen (Pfeile), Phasenkontrast–Aufnahme. b) Hefeisolat (14): Mutterzelle (M) mit Tochter (T) und Ballistospore (B); (S) = Sterigma, (A) = Abschußmechanismus durch Turgorerhöhung im Flüssigkeitstropfen, SEM–Aufnahme, Balken = 1 μm.

3.3.3 Wachstumseigenschaften getesteter Hefepilze

Eine Identifizierung der isolierten Hefepilze konnte erst nach zusätzlich durchgeführten physiologischen Tests erfolgen. Hierzu wurden die Hefepilze in Anlehnung an Barnett et al. (1990) und van der Walt & Yarrow (1984) auf Glucosefermentation sowie aerobe Verwertung unterschiedlicher Kohlenstoff– und Stickstoffquellen untersucht. Weiterhin wurden das Wachstum bei Temperaturen zwischen 25°C und 40°C und die Fähigkeit der Harnstoffspaltung geprüft. Rote Pigmentierung und die Bildung von Sproßzellen, Ballistosporen oder Pseudomycel wurden ebenfalls als Merkmale in die Untersuchung einbezogen.

In Tab. 3.2 sind die Merkmalsausprägungen aller 74 in die Untersuchung einbezogenen Hefen, 54 Endophyten (arabische Zahlen), 18 Referenzen (^{R} gekennzeichnet) und zwei Epiphyten (X1 und X2) zusammengefaßt. Die Nummerierung und Anordnung der endophytischen Isolate entspricht der zeitlichen Reihenfolge ihrer Isolierung, da zu Beginn der Analysen kaum Informationen zu ihrer Identifizierung vorlagen. Ebenfalls in der Tabelle aufgeführt sind mehrere Referenzstämme, deren Auswahl erfolgte, nachdem einige der endophytischen Isolate mit dem Yeast Identification PC Program, Version 2 (Barnett et al., 1990) bestimmt worden waren (Kap. 2.3.3). Die durchgeführten Tests entsprechen weitestgehend den Standardtests der DSMZ (Braunschweig) (Kap. 2.4.3.1). War die Verwertung einer entsprechenden Nährstoffquelle bzw. das Vorhandensein eines Merkmals positiv, wurde dies mit (1), fehlte es, wurde es mit (0) gekennzeichnet.

Alle untersuchten 74 Stämme bildeten Sproßzellen. Von den 54 untersuchten Endophytenhefen waren insgesamt 15 Stämme rot pigmentiert und sieben bildeten Ballistosporen aus. Alle Stämme wuchsen bei 25°C , aber kein Isolat vermochte bei Temperaturen höher als 37°C zu wachsen. Auffällig ist, daß alle Hefepilze die Fähigkeit besaßen, Harnstoff zu spalten, aber Glucose nicht fermentierten. Diese Merkmalskombination ist typisch für Basidiomycetenhefen (Müller, 1989). Ebenfalls allen getesteten Stämmen gemeinsam war die Assimilation von D-Glucose, D-Fructose, D-Mannose, D-Gluconat, Mannit, Esculin und D-Lyxose. Mit Ausnahme des Isolates (32) wurden von allen anderen Stämmen auch α -Trehalose und D-Arabinose verwertet.

Die Identifizierung der Hefepilze erfolgte nach dem Yeast Identification PC Program, Version 2 (Barnett et al., 1990). Die Tab. 6.1 (im Anhang) enthält eine Auswahl gelisteter Stämme mit den standardisierten Artmerkmalen. In der Tab. 3.3 sind diejenigen Namen aufgeführt, für die nach dem Identifizierungsprogramm die höchsten Wahrscheinlichkeiten angegeben waren. Bei einigen Isolaten traten in einzelnen Fällen Abweichungen zu den Artmerkmalen auf, insbesondere bei der Verwertung verschiedener Saccharide. Das hatte zur Folge, daß für solche Isolate dann zwei, manchmal sogar drei verschiedene Artnamen mit annähernd gleich hoher Wahrscheinlichkeit vom Identifizierungsprogramm angegeben wurden (Kap. 2.4.3.2). Die entsprechenden Namen sind in der Tab. 3.3 nebeneinander als Identifizierungsvorschlag übernommen worden.

Von den 54 Endophyten konnten aufgrund ihrer morphologischen und physiologischen Merkmale 44 Stämme eindeutig identifiziert werden, für 10 traten Mehrfachnennungen auf (s. u.). Von allen 74 analysierten Hefen wurde der einzige rot pigmentierte Ballistosporenbildner (78) als *Sporobolomyces roseus* identifiziert, fünf beige als *Bullera alba.* Bei insgesamt 27 Stämmen handelte es sich um Vertreter der Gattung *Cryptococcus.* Jeweils 13 Isolate wurden als *C. laurentii* bzw. als *C. albidus* identifiziert, bei Isolat (22) handelte es sich um *C. curvatus.* Der Gattung *Rhodotorula* gehörten 11 Isolate an. Jeweils ein Isolat wurde als *R. glutinis* bzw. als *R. minuta* bestimmt. *R. aurantiaca* wurde viermal identifiziert, *R. graminis* fünfmal.

Mit Hilfe des Identifikationsprogrammes konnte für zehn Endophytenstämme keine eindeutige Identifizierung angegeben werden (Tab. 3.3). Bei dem Isolat (30) wurden die beiden Arten *Bullera alba* und *B. variabilis* mit gleicher Wahrscheinlichkeit angegeben (Kap. 2.4.3.2). Bei drei Isolaten (3, 10, 23)

[1] Erläuterung zur Abb. 3.4:
Dargestellt sind Reinkulturen von Referenzstämmen und isolierten endophytischen Hefen auf Nähragar, welcher nach SEM–Präparation schwammartig porös erscheint. Kleinere Tochterzellen hängen z. T. an den Mutterzellen. Der viele Basidiomycetenhefen umgebende Schleim verleiht einigen Zellen nach der Präparation eine fast warzige Oberfläche. a) *C. humiculus* (DSM 6382) mit länglichen Zellen. b) *C. laurentii* (DSM 70766) mit kugeligen Zellen. c) Hefeisolat (11) mit länglichen und kugeligen Zellformen. d) Hefeisolat (12) mit unterschiedlich großen Mutterzellen innerhalb einer Population (Pfeile). e) Hefeisolat (15). f) *R. minuta* (DSM 3016).

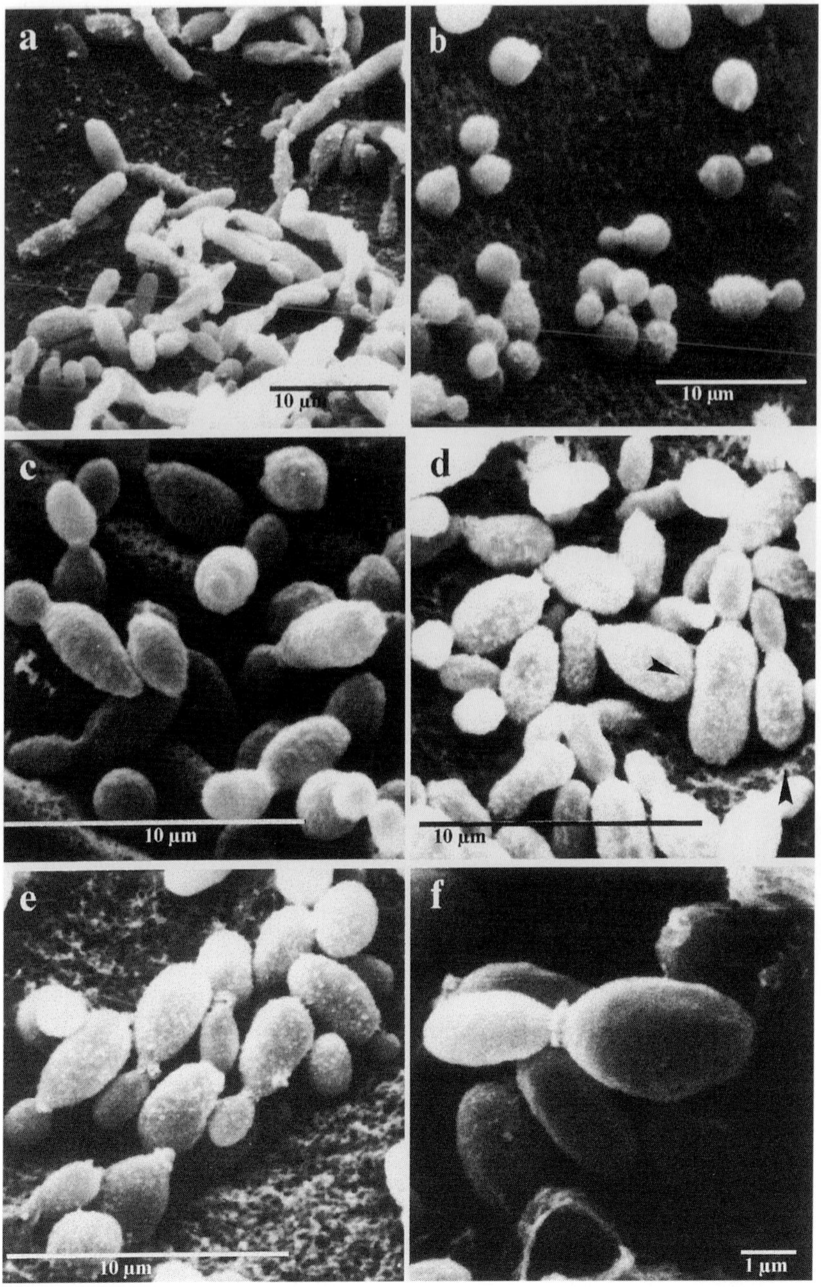

Abb. 3.4: SEM–Aufnahmen von Hefepilzen

Tab 3.2: Morpho- und physiologische Eigenschaften endophytischer Hefen

Ergebnisse zur Morphologie und Physiologie von Endophyten (arabische Zahlen), Epiphyten (* markiert) und Referenzen (R markiert). Das Vorhandensein eines Merkmals bzw. die Nährstoffverwertung sind mit „1" gekennzeichnet. Die Verwertung von Kohlenstoffquellen wurde mit dem Test-Kit api CH 50 getestet.

Hefepilz	Sproßzellen	Rotes Pigment	Ballistosporen	25 ° C	30 ° C	35 ° C	37 ° C	40 ° C	Ureahydrolyse	Nitrat	Glucosefermentation	D-Glucose	D-Galactose	L-Sorbose	Ribose	D-Xylose	L-Arabinose	D-Arabinose	L-Rhamnose	Saccharose	Maltose	α-Trehalose	α-Me-D-Glycosid	Cellobiose	Salicin	Arbutin	Melibiose	Lactose	Raffinose	Melizitose	Inulin	Stärke	Glycerin	Erythrit	Ribit	Xylit	L-Arabit	D-Glucitol	D-Mannit	Dulcit	Myo-Inosit	2-Keto-D-Gluconat	5-Keto-D-Gluconat	D-Gluconat	L-Xylose	β-Me-Xylosid	D-Fructose	D-Mannose	α-Me-D-Mannosid	N-Acetylglukosamin	Amygdalin	Esculin	Glykogen	β-Gentibiose	D-Turanose	D-Lyxose	D-Tagatose	D-Fucose	L-Fucose	D-Arabit
1	1	1	0	1	1	1	0	0	1	1	0	1	1	1	1	1	1	1	1	1	0	1	0	1	1	1	0	0	1	0	1	1	1	0	1	1	0	1	1	0	0	1	0	1	1	0	1	1	0	0	1	1	0	1	0	1	0	0	0	1
2	1	0	0	1	1	0	0	0	1	1	0	1	1	1	1	1	1	1	1	1	1	1	0	1	1	1	0	1	1	0	0	1	1	1	1	1	1	1	1	1	1	1	1	1	1	0	1	1	0	0	0	1	0	1	1	1	1	1	1	1
3	1	1	0	1	1	0	0	0	1	1	0	1	1	1	1	1	0	1	1	1	1	1	1	1	1	1	0	0	1	1	0	0	1	0	1	1	0	1	1	0	0	1	0	1	1	0	1	1	0	0	1	1	0	1	1	1	0	0	1	1
4	1	0	0	1	0	0	0	0	1	0	0	1	1	1	1	1	1	1	1	1	1	1	1	1	1	1	1	1	1	1	0	1	1	1	1	1	1	1	1	1	1	1	1	1	1	0	1	1	0	1	1	1	0	1	1	1	1	1	1	1
6	1	0	0	1	0	0	0	0	1	0	0	1	1	0	1	1	1	1	1	1	1	1	1	1	1	1	1	1	1	1	0	1	1	1	1	1	1	1	1	1	1	1	1	1	1	0	1	1	0	1	1	1	1	1	1	1	1	1	1	1
8	1	0	1	1	1	0	0	0	1	0	0	1	1	1	1	1	1	1	1	1	1	1	1	1	1	1	1	1	1	1	0	1	1	1	1	1	1	1	1	1	1	1	1	1	1	0	1	1	0	1	1	1	0	1	1	1	1	1	1	1
10	1	1	0	1	1	1	0	0	1	0	0	1	1	1	0	1	0	1	0	0	0	1	0	1	1	1	0	0	0	0	0	0	1	0	1	1	1	1	1	1	0	1	1	1	0	0	1	1	0	0	1	1	0	1	0	1	1	1	0	1
11	1	0	0	1	0	0	0	0	1	0	0	1	1	1	1	1	1	1	1	1	1	1	1	1	1	1	1	1	1	1	1	1	1	1	1	1	1	1	1	1	1	1	1	1	1	0	1	1	0	1	1	1	0	1	1	1	1	1	1	1
12	1	0	0	1	0	0	0	0	1	0	0	1	1	1	1	1	1	1	1	1	1	1	1	1	1	1	1	1	1	1	0	1	1	1	1	1	1	1	1	1	1	1	1	1	1	0	1	1	0	1	1	1	0	1	1	1	1	0	0	1
14	1	0	1	1	0	0	0	0	1	0	0	1	1	1	1	1	1	1	1	1	1	1	1	1	1	1	1	1	1	1	0	1	1	1	1	1	0	1	1	1	1	1	1	1	1	0	1	1	0	1	1	1	0	1	1	1	1	1	1	1
15	1	0	0	1	0	0	0	0	1	0	0	1	1	0	1	1	1	1	1	1	1	1	1	1	1	1	1	1	1	1	0	1	1	1	1	1	1	1	1	1	1	1	1	1	1	0	1	1	0	1	1	1	1	1	1	1	1	1	1	1
16	1	0	0	1	1	0	0	0	1	0	0	1	1	1	1	1	1	1	1	1	1	1	1	1	1	1	1	1	1	1	0	1	1	1	1	1	1	1	1	1	1	1	1	1	1	0	1	1	0	1	1	1	0	1	1	1	1	1	1	1
17	1	0	0	1	0	0	0	0	1	0	0	1	1	1	1	1	1	1	1	1	1	1	1	1	1	1	1	1	1	1	0	1	1	1	1	1	1	1	1	1	1	1	1	1	1	0	1	1	0	1	1	1	0	1	1	1	1	1	1	1
18	1	0	0	1	1	0	0	0	1	0	0	1	1	1	1	1	1	1	1	1	1	1	1	1	1	1	1	1	1	1	0	1	1	1	1	1	1	1	1	1	1	1	1	1	1	0	1	1	0	1	1	1	0	1	1	1	1	1	1	1
19	1	0	0	1	1	0	0	0	1	0	0	1	1	1	1	1	1	1	1	1	1	1	1	1	1	1	1	1	1	1	0	1	1	1	1	1	1	1	1	1	1	1	1	1	1	0	1	1	0	1	1	1	1	1	1	1	1	1	1	1
20	1	0	1	1	0	0	0	0	1	0	0	1	1	1	1	1	1	1	1	1	1	1	1	1	1	1	1	1	1	1	0	1	1	1	1	1	0	1	1	1	1	1	1	1	1	0	1	1	0	1	1	1	0	1	1	1	1	1	1	1
21	1	1	0	1	0	0	0	0	1	0	0	1	0	0	1	1	1	1	0	1	0	1	0	0	1	1	0	0	0	1	0	0	1	0	1	1	1	1	1	1	0	1	1	1	1	0	1	1	0	0	1	1	0	1	1	1	0	0	0	1
22	1	0	0	1	1	0	0	0	1	0	0	1	1	1	1	1	1	1	1	1	1	1	0	1	1	1	0	1	1	0	0	1	1	1	1	1	1	1	1	1	1	1	1	1	1	0	1	1	0	0	1	1	0	1	1	1	1	1	1	1
23	1	1	0	1	1	1	0	0	1	0	0	1	1	1	1	1	1	1	0	1	1	1	0	1	1	1	0	0	1	1	0	0	1	0	1	1	0	1	1	0	0	1	0	1	1	0	1	1	0	0	0	1	0	1	1	1	0	0	1	1
24	1	0	0	1	0	0	0	0	1	0	0	1	1	0	1	1	1	1	1	1	1	1	1	1	1	1	1	1	1	1	1	1	1	1	1	1	1	1	1	1	1	1	1	1	1	0	1	1	0	1	1	1	0	1	1	1	1	1	1	1
30	1	0	1	1	0	0	0	0	1	0	0	1	1	0	1	1	1	1	1	1	1	1	1	1	1	1	1	1	1	1	0	1	0	1	1	0	0	1	1	1	1	1	1	1	1	0	1	1	0	1	1	1	0	1	1	1	1	1	1	1
32	1	1	0	1	0	0	0	0	1	0	0	1	0	1	0	0	0	0	0	1	1	0	0	0	0	0	0	0	0	1	0	0	1	0	1	1	1	1	1	0	0	0	0	1	0	0	1	1	0	0	0	1	0	0	1	1	0	0	0	1
34	1	0	0	1	1	0	0	0	1	0	0	1	1	1	0	0	0	1	0	1	1	1	1	1	1	1	0	0	0	1	0	0	1	0	1	0	0	1	1	0	0	1	1	1	1	0	1	1	0	0	1	1	0	1	1	1	0	1	1	1
40	1	0	0	1	1	1	0	0	1	0	0	1	1	1	1	1	1	1	1	1	1	1	1	1	1	1	1	1	1	1	0	1	1	1	1	1	1	1	1	1	1	1	1	1	1	0	1	1	0	1	1	1	0	1	1	1	1	1	1	1
41	1	0	0	1	1	1	0	0	1	1	0	1	1	1	1	1	0	1	0	1	1	1	1	1	1	1	0	1	1	1	0	1	1	0	1	1	0	1	1	1	0	1	1	1	0	0	1	1	0	1	1	1	1	1	1	1	0	1	1	1
42	1	0	0	1	1	0	0	0	1	0	0	1	1	1	1	1	1	1	1	1	1	1	1	1	1	1	1	1	1	1	1	1	1	1	1	1	1	1	1	1	1	1	1	1	1	0	1	1	0	1	1	1	0	1	1	1	1	1	1	1
43	1	1	0	1	0	0	0	0	1	1	0	1	1	1	1	1	1	1	1	1	0	1	0	1	1	1	0	0	1	1	1	1	1	0	1	1	1	1	1	0	0	1	1	1	1	0	1	1	0	0	1	1	1	1	0	1	0	0	1	1
44	1	0	1	1	1	0	0	0	1	0	0	1	1	1	1	1	1	1	1	1	1	1	1	1	1	1	1	1	1	1	1	1	1	1	1	1	1	1	1	1	1	1	1	1	1	0	1	1	0	1	1	1	0	1	1	1	1	1	1	1
45	1	0	0	1	0	0	0	0	1	1	0	1	0	1	0	0	0	1	0	0	0	1	0	1	1	1	0	0	0	0	0	0	1	1	1	0	0	1	1	0	0	1	1	1	0	0	1	1	0	0	1	1	0	1	1	1	0	0	1	1
46	1	0	0	1	0	0	0	0	1	0	0	1	1	0	1	1	1	1	1	1	1	1	1	1	1	1	1	1	1	1	0	1	1	1	1	1	1	1	1	1	1	1	1	1	1	0	1	1	0	1	1	1	0	1	1	1	1	0	0	1
60	1	1	0	1	1	1	0	0	1	1	0	1	1	1	1	1	0	1	0	1	1	1	1	1	1	1	0	0	0	1	0	0	1	0	1	1	1	1	1	1	0	1	1	1	0	0	1	1	0	0	1	1	0	1	1	1	0	0	0	1
61	1	1	0	1	1	0	0	0	1	1	0	1	1	1	1	1	1	1	1	1	0	1	0	1	1	1	0	0	1	0	1	0	1	0	1	1	0	1	1	0	0	1	0	1	1	0	1	1	0	0	1	1	0	1	0	1	0	0	1	1
62	1	1	0	1	1	0	0	0	1	1	0	1	1	1	1	1	1	1	1	1	0	1	0	1	1	1	0	0	1	0	1	0	1	0	1	1	0	1	1	0	0	1	0	1	1	0	1	1	0	0	1	1	0	1	0	1	0	0	1	1
63	1	1	0	1	1	0	0	0	1	1	0	1	1	1	1	1	1	1	1	1	0	1	0	1	1	1	0	0	1	0	1	0	1	0	1	1	0	1	1	0	0	1	0	1	1	0	1	1	0	0	1	1	0	1	0	1	0	0	1	1

Fortsetzung Tab 3.2: Morpho- und physiologische Eigenschaften endophytischer Hefen

Hefepilz	Sproßzellen	Rotes Pigment	Ballistosporen	25 ° C	30 ° C	35 ° C	37 ° C	40 ° C	Ureahydrolyse	Nitrat	Glucosefermentation	D-Glucose	D-Galactose	L-Sorbose	Ribose	D-Xylose	L-Arabinose	D-Arabinose	L-Rhamnose	Saccharose	Maltose	α-Trehalose	α-Me-D-Glycosid	Cellobiose	Salicin	Arbutin	Melibiose	Lactose	Raffinose	Melizitose	Inulin	Stärke	Glycerin	Erythrit	Ribit	Xylit	L-Arabit	D-Glucitol	D-Mannit	Dulcit	Myo-Inosit	2-Keto-D-Gluconat	5-Keto-D-Gluconat	D-Gluconat	L-Xylose	β-Me-Xylosid	D-Fructose	D-Mannose	α-Me-D-Mannosid	N-Acetylglukosamin	Amygdalin	Esculin	Glykogen	β-Gentibiose	D-Turanose	D-Lyxose	D-Tagatose	D-Fucose	L-Fucose	D-Arabit
64	1	0	0	1	1	0	0	0	1	1	0	1	1	1	1	1	1	1	0	1	1	1	1	1	1	1	1	1	1	1	0	1	1	1	1	1	1	1	1	1	0	1	1	1	1	0	1	1	1	1	1	1	1	1	1	1	1	1	1	1
65	1	0	0	1	1	1	0	0	1	1	0	1	1	1	1	1	1	1	0	1	1	1	1	1	1	1	1	1	1	1	0	1	1	1	1	1	1	1	1	0	1	1	0	1	1	0	1	1	0	1	1	1	1	1	1	1	0	1	1	1
66	1	0	1	1	1	0	0	0	1	0	0	1	1	0	1	1	1	1	1	1	1	1	1	1	1	1	1	1	1	1	1	1	1	1	1	1	1	1	1	1	1	1	1	1	1	0	1	1	0	1	1	1	0	1	1	1	1	1	1	1
67	1	1	0	1	1	0	0	0	1	1	0	1	1	1	0	1	0	1	0	1	1	1	1	1	1	1	0	1	0	1	0	0	1	0	1	0	1	1	1	0	0	1	1	1	1	0	1	1	0	0	1	1	0	1	1	1	0	0	1	0
68	1	0	0	1	0	0	0	0	1	0	0	1	1	0	1	1	0	1	0	0	0	1	0	1	1	1	0	0	0	0	0	0	1	0	1	1	0	1	1	0	0	1	1	1	0	0	1	1	0	0	1	1	0	1	0	1	0	0	0	1
69	1	0	0	1	1	1	0	0	1	1	0	1	1	1	1	1	1	1	0	1	1	1	1	1	1	1	1	1	1	1	0	1	1	1	1	1	1	1	1	0	1	1	1	1	1	1	1	1	0	1	1	1	1	1	1	1	1	1	1	1
70	1	1	0	1	1	0	0	0	1	1	0	1	1	1	1	1	1	1	1	1	0	1	0	1	1	1	0	0	1	0	1	0	1	0	1	1	0	1	1	0	0	1	1	1	1	0	1	1	0	0	1	1	0	1	0	1	0	0	1	1
71	1	0	0	1	1	1	0	0	1	1	0	1	1	1	1	1	1	1	1	1	1	1	1	1	1	1	1	1	1	1	0	1	1	1	1	1	1	1	1	1	1	1	1	1	1	1	1	1	1	1	1	1	1	1	1	1	1	1	0	1
72	1	0	0	1	1	1	0	0	1	1	0	1	1	1	1	1	1	1	0	1	1	1	1	1	1	1	1	1	1	1	0	1	1	1	1	1	1	1	1	0	1	1	1	1	1	1	1	1	0	1	1	1	1	1	1	1	1	1	1	1
73	1	1	0	1	1	0	0	0	1	1	0	1	1	1	1	1	1	1	1	1	0	1	0	1	1	1	0	0	1	0	1	0	1	0	1	1	0	1	1	0	0	1	0	1	1	0	1	1	0	0	1	1	0	1	0	1	0	0	1	1
74	1	0	0	1	1	1	0	0	1	1	0	1	1	1	1	1	1	1	0	1	1	1	1	1	1	1	1	1	1	1	0	1	1	1	1	1	1	1	1	0	1	1	1	1	1	1	1	1	1	1	1	1	1	1	1	1	0	1	0	1
75	1	0	0	1	1	0	0	0	1	0	0	1	1	1	1	1	0	1	0	1	1	1	1	1	1	1	1	0	1	1	1	1	1	0	1	1	1	1	1	1	0	1	1	1	0	0	1	1	1	0	1	1	1	1	1	1	1	1	1	1
76	1	0	0	1	1	1	0	0	1	1	0	1	1	1	1	1	1	1	0	1	1	1	1	1	1	1	1	1	1	1	0	1	1	1	1	1	1	1	1	0	1	1	1	1	1	1	1	1	1	1	1	1	1	1	1	1	0	1	0	1
77	1	0	0	1	1	1	0	0	1	0	0	1	1	1	1	1	1	1	0	1	1	1	1	1	1	1	1	1	1	1	0	1	1	1	1	1	1	1	1	0	1	1	1	1	1	0	1	1	0	1	1	1	1	1	1	1	0	1	0	1
78	1	1	1	1	1	0	0	0	1	1	0	1	1	1	1	1	1	1	0	1	1	1	1	1	1	1	0	0	1	1	0	1	1	0	1	1	0	1	1	0	0	0	1	1	1	0	1	1	0	0	1	1	1	1	1	1	0	0	1	1
79	1	0	0	1	1	0	0	0	1	0	0	1	1	0	1	1	0	1	0	0	0	1	1	1	1	1	0	0	0	0	0	0	1	0	1	1	1	1	1	0	0	1	1	1	0	0	1	1	0	0	1	1	0	1	0	1	0	0	0	1
80	1	0	0	1	1	1	0	0	1	1	0	1	1	1	1	1	1	1	1	1	1	1	1	1	1	1	1	1	1	1	0	1	1	1	1	1	1	1	1	0	1	1	1	1	1	1	1	1	1	1	1	1	1	1	1	1	0	1	1	1
81	1	0	0	1	1	0	0	0	1	1	0	1	1	1	1	1	1	1	0	1	1	1	1	1	1	1	1	1	1	1	0	1	1	1	1	1	1	1	1	0	1	1	1	1	1	1	1	1	0	1	1	1	1	1	1	1	0	1	0	1
82	1	0	0	1	1	0	0	0	1	0	0	1	1	1	1	1	0	1	0	0	0	1	1	1	1	1	0	0	0	0	0	0	1	0	1	1	1	1	1	0	0	1	1	1	0	0	1	1	0	0	1	1	0	1	0	1	0	0	0	1
83	1	0	0	1	1	1	0	0	1	1	0	1	1	1	1	1	1	1	0	1	1	1	1	1	1	1	1	1	1	1	0	1	1	1	1	1	1	1	1	0	1	1	1	1	1	1	1	1	0	1	1	1	1	1	1	1	0	1	0	1
^{R}B8	1	1	0	1	1	1	0	0	1	0	0	1	1	1	1	1	1	1	0	1	1	1	1	1	1	1	0	0	1	1	0	0	1	0	1	1	1	1	1	0	0	1	0	1	1	0	1	1	0	0	1	1	0	1	1	1	1	0	1	1
^{R}B9	1	1	0	1	1	1	0	0	1	0	0	1	1	1	1	1	1	1	0	1	1	1	1	1	1	1	0	0	1	1	0	0	1	0	0	1	0	0	1	0	0	0	0	1	1	0	1	1	0	0	1	1	0	1	1	1	0	0	1	1
^{R}Ba	1	0	1	1	1	0	0	0	1	0	0	1	1	1	1	1	1	1	1	1	1	1	1	1	1	1	1	1	1	1	0	1	0	1	1	1	1	1	1	1	1	1	1	1	1	0	1	1	0	1	1	1	0	1	1	1	1	1	1	1
^{R}C1	1	0	0	1	1	0	0	0	1	1	0	1	1	0	1	1	1	1	1	1	1	1	1	1	1	1	0	1	1	1	0	1	1	0	1	1	1	1	1	1	1	1	1	1	1	0	1	1	0	0	1	1	0	1	1	1	1	1	1	1
^{R}C2	1	0	0	1	1	0	0	0	1	0	0	1	1	1	1	1	1	1	1	1	1	1	1	1	1	1	1	1	0	1	0	0	1	1	1	1	1	1	1	1	1	1	1	1	1	0	1	1	1	1	1	1	0	1	1	1	1	1	1	1
^{R}C3	1	1	0	1	0	0	0	0	1	0	0	1	1	0	1	1	1	1	1	1	0	1	0	1	0	0	0	0	1	1	0	1	1	1	1	1	1	1	1	1	1	1	1	1	1	0	1	1	0	0	1	1	0	1	1	1	0	0	0	1
^{R}CF	1	0	0	1	1	0	0	0	1	0	0	1	1	0	1	1	1	1	1	1	1	1	1	1	1	1	1	1	1	1	0	1	0	1	1	1	1	1	1	1	1	1	1	1	1	0	1	1	0	1	1	1	1	1	1	1	1	1	1	1
^{R}CL	1	0	0	1	1	1	0	0	1	0	0	1	1	0	1	1	1	1	1	1	1	1	1	1	1	1	1	1	1	1	0	1	1	1	1	1	1	1	1	1	1	1	1	1	1	0	1	1	0	1	1	1	0	1	1	1	1	1	1	1
^{R}I	1	0	0	1	0	0	0	0	1	1	0	1	1	0	1	1	1	1	1	1	1	1	1	1	1	1	1	1	1	1	0	1	1	0	1	1	1	1	1	1	0	1	1	1	1	0	1	1	0	0	1	1	0	1	1	1	1	1	1	1
^{R}II	1	1	0	1	1	0	0	0	1	0	0	1	1	1	1	1	1	1	1	1	1	1	1	1	1	1	0	0	1	1	0	1	1	1	1	1	1	1	1	1	0	1	1	1	1	0	1	1	0	1	1	1	0	1	1	1	0	0	0	1
^{R}III	1	0	0	1	1	0	0	0	1	0	0	1	1	1	1	1	1	1	1	1	1	1	1	1	1	1	1	1	1	1	0	1	1	1	1	1	1	1	1	1	1	1	1	1	1	0	1	1	0	1	1	1	0	1	1	1	1	0	1	1
^{R}IV	1	1	0	1	1	0	0	0	1	0	0	1	0	1	1	1	1	1	0	1	0	1	0	1	1	1	0	0	0	1	0	0	1	0	1	1	1	1	1	0	0	1	1	1	0	0	1	1	0	1	1	1	0	1	0	1	0	1	0	1
^{R}R1	1	1	0	1	1	1	0	0	1	1	0	1	1	1	1	1	1	1	0	1	1	1	1	1	1	1	0	0	1	1	0	0	1	0	1	1	1	0	1	0	0	1	0	1	1	0	1	1	1	0	0	1	0	1	1	1	0	0	1	1
^{R}R2	1	1	0	1	1	0	0	0	1	0	0	1	1	1	1	1	1	1	0	1	0	1	0	1	1	1	0	1	0	1	0	0	1	0	1	1	1	1	1	0	0	1	1	1	1	0	1	1	0	1	1	1	0	1	1	1	1	1	0	1
^{R}R3	1	1	0	1	1	1	0	0	1	0	0	1	1	1	1	1	1	1	0	1	0	1	0	0	0	0	1	0	1	0	0	0	1	0	1	1	1	1	1	1	0	1	0	1	1	0	1	1	1	0	0	1	0	0	1	1	1	0	0	1
^{R}U1	1	0	0	1	1	1	0	0	1	1	0	1	0	1	1	1	1	1	1	1	1	1	1	1	1	1	1	1	1	1	0	1	1	1	1	1	1	1	1	0	1	1	0	1	1	1	1	1	0	1	1	1	0	1	1	1	0	0	1	0
^{R}U2	1	0	0	1	1	1	0	0	1	0	0	1	0	1	1	1	1	1	0	1	1	1	1	1	1	1	0	0	1	1	0	1	1	1	1	1	1	1	1	0	0	1	0	1	1	0	1	1	0	0	1	1	0	1	1	1	0	0	0	1
^{R}V	1	1	0	1	1	1	0	0	1	0	0	1	1	1	1	1	1	1	0	1	0	1	1	1	1	1	0	0	1	0	0	0	1	0	1	1	1	1	1	0	0	1	0	1	1	0	1	1	0	0	1	1	0	1	0	1	0	0	1	1
*X1	1	0	0	1	1	1	0	0	1	1	0	1	1	1	1	1	1	1	0	1	1	1	1	1	1	1	1	1	1	1	0	1	1	1	1	1	1	1	1	0	1	1	1	1	1	1	1	1	0	1	1	1	1	1	1	1	0	1	0	1
*X2	1	1	0	1	1	0	0	0	1	0	0	1	1	1	1	1	1	1	1	1	0	1	1	1	1	1	0	0	1	0	1	0	1	0	1	1	0	1	1	0	0	1	0	1	1	0	1	1	0	0	1	1	0	1	0	1	0	0	1	1

Tab. 3.3: Identifizierung nach Barnett et al. (1990)

Anhand morpho- und physiologischer Charakteristika wurde nach dem Yeast Identification PC Program, Version 2 (Barnett et al., 1990) identifiziert. Die Vorschläge entsprechen den vom Programm mit höchster Wahrscheinlichkeit angegebenen Artnamen. Konnte eine Hefe nicht eindeutig identifiziert werden, stehen mehrere Namen nebeneinander. Endophyten sind mit arabischen Zahlen und Referenzen mit ^{R} markiert, bei (X1) und (X2) handelt es sich um Epiphyten.

Hefepilz	**Identifizierungsvorschlag**	**Isolierdatum bzw. Stammnr.**
1	*R. glutinis/R. graminis/R. mucilaginosa*	5/93
2	*C. albidus*	5/93
3	*R. glutinis/R. mucilaginosa*	5/93
4	*C. laurentii*	5/93
6	*C. laurentii*	5/93
8	*B. alba*	5/93
10	*R. minuta/R. mucilaginosa*	5/93
11	*C. laurentii*	5/93
12	*C. laurentii*	5/93
14	*B. alba*	5/93
15	*C. laurentii*	5/93
16	*C. laurentii*	5/93
17	*C. laurentii*	5/93
18	*C. laurentii*	5/93
19	*C. laurentii*	5/93
20	*B. alba*	5/93
21	*R. minuta*	5/93
22	*C. curvatus*	5/93
23	*R. minuta/R. mucilaginosa*	5/93
24	*C. laurentii*	5/93
30	*B. alba/B. variabilis*	5/93
32	*R. aurantiaca*	5/93
34	*R. aurantiaca*	5/93
40	*C. laurentii*	10/94
41	*C. albidus*	10/94
42	*C. laurentii*	10/94
43	*R. glutinis/R. minuta/C. macerans*	10/94
44	*B. alba*	10/94
45	*R. aurantiaca*	10/94
46	*C. laurentii*	10/94
60	*R. glutinis*	7/95
61	*R. graminis*	7/95
62	*R. graminis*	7/95
63	*R. graminis*	7/95

Fortsetzung von Tab. 3.3

Hefepilz	Identifizierungsvorschlag	Isolierdatum oder Stammnr.
64	*C. albidus*	7/95
65	*C. albidus*	7/95
66	*B. alba*	7/95
67	*R. aurantiaca*	7/95
68	*R. aurantiaca/ T. foliacea*	7/95
69	*C. albidus*	7/95
70	*R. graminis*	7/95
71	*C. albidus*	7/95
72	*C. albidus*	7/95
73	*R. graminis*	7/95
74	*C. albidus*	7/95
75	*C. albidus/ C. laurentii / T. fuciformis*	7/95
76	*C. albidus*	7/95
77	*C. albidus*	7/95
78	*S. roseus*	7/95
79	*R. aurantiaca/ T. foliacea*	7/95
80	*C. albidus*	7/95
81	*C. albidus*	7/95
82	*R. aurantiaca/ T. foliacea*	7/95
83	*C. albidus*	7/95
^{R}B8	*R.minuta/ R. mucilaginosa*	TU BS B8
^{R}B9	*R. minuta*	TU BS B9
^{R}Ba	*B. alba*	DSM 70002
^{R}C1	*C. albidus*	DSM 70197
^{R}C2	*C. humiculus*	DSM 6382
^{R}C3	*C. hungaricus*	DSM6903
^{R}CF	*C. flavus*	DSM 70227
^{R}CL	*C. laurentii*	DSM 70766
^{R}I	*C. albidus*	CBS 2991
^{R}II	*C. hungaricus*	CBS 5124
^{R}III	*C. laurentii*	CBS 5595
^{R}IV	*R. minuta*	CBS 8013
^{R}R1	*R. glutinis*	DSM 70398
^{R}R2	*R. minuta*	DSM 3016
^{R}R3	*R. mucilaginosa*	DSM 70825
^{R}U1	*U. maydis*	Pr 1984/3
^{R}U2	*M. violaceum*	TU BS U2
^{R}V	*R. mucilaginosa*	CBS 6462
X1	*C. albidus*	7/95
*X2	*R. glutinis / R. mucilaginosa*	7/95

konnte jeweils zwischen zwei *Rhodotorula*–Arten nicht entschieden werden, für Isolat (1) waren drei Arten genannt. In fünf Fällen war sogar die Gattungsbestimmung unsicher. Bei den drei Isolaten (68), (79) und (82) handelte es sich entweder um *Rhodotorula aurantiaca* oder um *Tremella foliacea*. Für die Isolate (43) und (75) wurden zwei *Rhodotorula*–Arten und eine *Cryptococcus*–Art bzw. zwei *Cryptococcus*–Arten und eine *Tremella*–Art mit gleich hoher Wahrscheinlichkeit angegeben.

Diese Unsicherheiten bei der Einordnung von 10 der insgesamt 54 endophytischen Hefen spiegeln Schwierigkeiten und Grenzen der klassischen Identifizierung allein anhand morphologischer und physiologischer Merkmale durch Vergleiche mit standardisierten Artmerkmalen wider. Möglicherweise handelt es sich bei einigen der aus Weißklee isolierten Hefen um bisher nicht beschriebene Arten. Die erhobenen Daten wurden daher einem weiteren mathematischen Auswerteverfahren unterzogen. Hierdurch sollten Identitäten oder Ähnlichkeiten zwischen den isolierten Endophyten und Referenzen, welche von Stammsammlungen bezogen worden waren (Kap. 2.3.3), dargestellt werden. Zusätzlich wurden molekularbiologische Untersuchungen durchgeführt.

3.3.4 Ähnlichkeitsanalysen mit Wachstumseigenschaften

Insgesamt wurden 60 morphologische und physiologische Merkmale aller 74 untersuchten Hefen (Tab. 3.2) zur Berechnung von Distanzmatrizen eingesetzt. Eine anschließende Clusteranalyse nach dem UPGMA–Verfahren (unweighted pair–group method using arithmetic averages) mit dem Programm MSTAT (Bausch & Opitz, 1992, Kap. 2.5) führte zu dem in Abb. 3.5 dargestellten Dendrogramm. Das Diagramm veranschaulicht Ähnlichkeiten bzw. Verschiedenheiten (v) der endophytischen Hefepilze untereinander und zu den ebenfalls getesteten Referenzstämmen. Je kleiner der Wert für (v) ist, desto ähnlicher sind sich die zu vergleichenden Organismen bezüglich der untersuchten Merkmale (Kap. 2.5). Wäre eine Clusteranalyse allein mit den endophytischen Hefen durchgeführt worden, so könnten nur Aussagen zu Übereinstimmungen oder Ähnlichkeiten dieser Isolate untereinander gemacht werden. Um herauszufinden, ob es sich bei den aus Weißklee isolierten Hefen um bereits bekannte oder möglicherweise um neue Arten handelt, wurden sie zunächst bezüglich ihrer morphologischen und physiologischen Merkmale identifiziert (Kap. 3.3.3). Daraufhin wurden von Stammsammlungen gut identifizierte Referenzstämme bezogen (Kap. 2.3.3). Das Einbeziehen dieser Referenzen in die Clusteranalyse sollte es ermöglichen, die Identifizierung der endophytischen Stämme zu überprüfen bzw. nach identischen Stämmen bei bereits bekannten Isolaten zu suchen.

Zum besseren Verständnis der nachfolgenden Clusterbeschreibungen wurden Namen der mit dem Idenitfizierungsprogramm aus Kap. 3.3.3 eindeutig bestimmten Stämme angegeben. Isolate, für die in der Tab. 3.3 mehrere Namen angegeben waren, wurden hier mit n. e. (nicht eindeutig identifiziert) bezeichnet.

Die Analyse führte zu einem Baumdiagramm (Abb. 3.5), in dem sich zwei große Gruppen (A und B) deutlich voneinander abgrenzen lassen. Die Gruppe A umfaßt 47 Isolate, von denen bis auf die beiden rot pigmentierten *C. hungaricus*–Referenzen und dem ebenfalls roten Endophyten (60) alle übrigen Isolate beige sind. Von den 25 Stämmen der Gruppe B sind 20 rot pigmentiert, fünf nicht. Eine klare Unterteilung, bei der z. B. Gattungen (Identifizierung nach Barnett et al., 1990) jeweils ein einzelnes Cluster bildeten, ist allerdings in keiner der beiden Gruppen A oder B erkennbar. Acht der nicht eindeutig identifizierten Endophyten befinden sich in der Gruppe B.

Ähnlichkeiten der Stämme untereinander sollen für einige kleinere Untergruppen (Cluster 1–6, Zahlen jeweils auf Verzweigunslinien im Baum) kurz beschrieben werden. Innerhalb der Gruppe A sind 2 Cluster (1 und 3) auf einem Verschiedenheitsniveau von (v) < 6 entstanden, das entspricht einem Unterschied in weniger als einem Zehntel der untersuchten Merkmale. Cluster 1 enthält Vertreter von *Cryptococcus* und *Bullera*, die jedoch jeweils mehrere Untergruppen bilden. Cluster 3 besteht aus 12 *C. albidus*–Stämmen. Die Referenzen hierzu, C1 und I, und ein weiteres *C. albidus*–Isolat (2) befinden sich allerdings im Cluster 2.

In der Gruppe B bilden 8 Stämme das Cluster 4, u. a. fünf *R. graminis*–Isolate und ein *R. mucilaginosa*–Referenzstamm. Je ein Vergleichsstamm von *R. glutinis* und *R. minuta* sind mit zwei nicht eindeutig identifizierten Isolaten im Cluster 5 enthalten. Cluster 6 besteht aus drei Endophyten, bei denen nicht zwischen *R. aurantiaca* oder *T. foliacea* unterschieden werden konnte.

Isolate, die nach morphologischen und physiologischen Merkmalen im Dendrogramm für (v) = 0 miteinander clusterten, wurden nur in einzelnen Fällen nachgewiesen, z. B. (4)/(17), (16)/(18) oder (14)/(20). Bei den rot pigmentierten Hefen gibt es im Cluster 4 eine Gruppe von vier identischen *R. graminis*–Isolaten, in den Clustern 1 und 3 kommen sechsmal jeweils zwei identische Endophytenstämme vor. Übereinstimmung besteht auch zwischen einem epiphytischen und einem endophytischen Isolat (X1 und 83). In keinem Fall gab es jedoch Identitäten zwischen Endophyten und Referenzen.

Während mit dem Identifizierungsprogramm nach Barnett et al. (1990) von 54 Endophyten 44 Stämme eindeutig identifiziert wurden (Kap. 3.3.3), führte die Clusteranalyse nicht zu einer erwarteten Gruppierung von Gattungen bzw. zu Übereinstimmungen von Endophyten und Referenzen. Stattdessen wird mit dem dargestellten Dendrogramm deutlich, daß die Unterschiede sowohl innerhalb einzelner Gattungen als auch Arten recht groß sein können. Demnach hat der Referenzstamm (V) von *R. mucilaginosa* zu andereren *Rhodotorula*–Arten mehr Ähnlichkeit als zu dem zweiten untersuchten Referenzstamm (R3). Auch *M. violaceum* clustert mit einer *C. hungaricus*–Referenz mit einem kleineren Wert für (v) als die beiden *Cryptococcus*–Referenzen untereinander. Einige *Bullera alba*–Endophyten bilden Gruppen mit *C. laurentii*–Isolaten, zwei andere *C. laurentii*–Endophyten (6 und 15) zeigen dagegen gute Übereinstimmungen zum *C. flavus*–Referenzstamm. 12 als *C. albidus* identifizierte Isolate bilden das Cluster 3, zeigen aber wenig Ähnlichkeit zu den getesteten

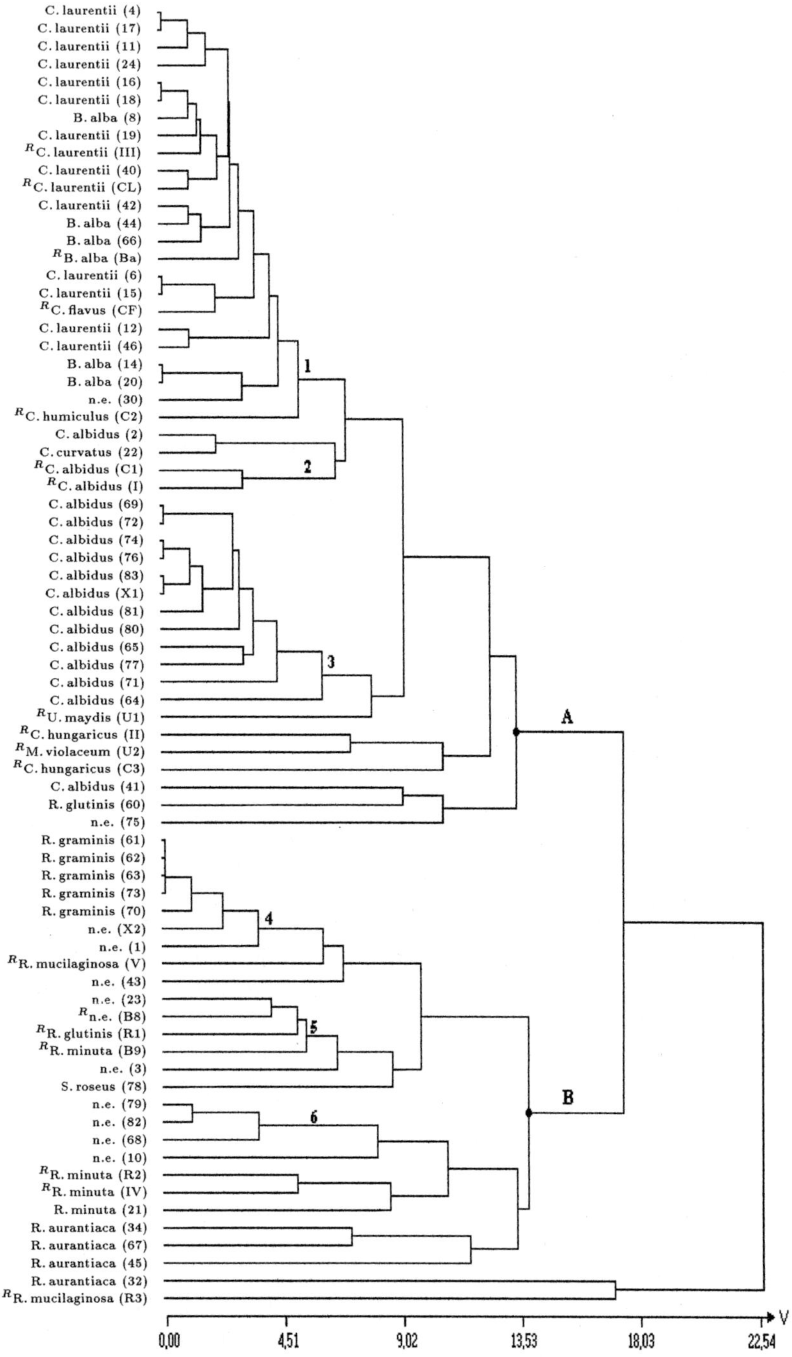

Abb. 3.5: Dendrogramm auf Basis morpho – und physiologischer Eigenschaften

C. albidus–Referenzen. Bei den rot pigmentierten Isolaten ist die Heterogenität insgesamt recht groß. Vier Isolate (32,34,45 und 67) sind nach Barnett et al. (1990) als *R. aurantiaca* identifiziert worden. Die Stämme (32 und 67) sind rot pigmentiert, die beiden anderen nicht.

Da im Cluster keine Identitäten zwischen Endophyten und den ausgewählten Referenzstämmen auftraten und auch Gattungen keine einzelnen Cluster gebildetet hatten, konnten die Endophyten mit diesem Ähnlichkeitsvergleich nicht weiter identifiziert werden. Um die Ergebnisse dennoch gegebenenfalls präzisieren zu können, wurden deshalb zusätzlich molekularbiologische Daten zu den untersuchten Hefen erhoben.

3.3.5 PCR–Techniken

Um die bisher beschriebenen Identifizierungsergebnisse mit anderen als den morphologischen und physiologischen Merkmalen zu überprüfen bzw. zu ergänzen, wurden PCR–Techniken für insgesamt 74 Hefen (Tab. 3.3), 54 endophytische Hefen (arabische Zahlen), 18 Referenzstämme (^{R}) und für zwei Epiphyten (X1 und X2) eingesetzt und so weitere Merkmale zur Charakterisierung aufgenommen. Das Flußdiagramm Abb. 3.6 gibt einen Überblick zur Abfolge der verschiedenen durchgeführten Untersuchungen, die zur Identifizierung herangezogen wurden.

3.3.5.1 DNA–Extraktion und DNA–Qualität

Nachdem Frischmaterial der Hefepilze bei -70 °C tiefgefroren worden war, konnte die DNA der Hefezellen durch Verwendung des QIAamp Tissue Kit (50), QIAGEN, innerhalb von drei Stunden gewonnen werden.

Die photometrische Bestimmung des DNA–Gehaltes ergab Werte zwischen 2,5 ng/μl und 38 ng/μl für mit Quarzsand gemörserte Proben. Wurde auf Zusatz von Quarzsand verzichtet, lag der DNA–Gehalt bei 0.4 ng/μl bis 20 ng/μl. Aufgrund dieser relativ großen Mengen an DNA erübrigte sich eine Natrium–Acetat–Fällung zur Konzentrierung (nach Dellaporta et al., 1983), zumal beispielhaft getestete Wiederfindungsraten des genetischen Materials nach der Fällung nur 14 % – 60 % betrugen.

Beim Zellaufschluß mit Quarzsand konnten durchschnittlich zwar höhere DNA–Gehalte erzielt werden, s. o., jedoch war die Qualität der gewonnenen DNA bei der schonenderen Aufarbeitung ohne Sand insgesamt besser. Nach Behandlung mit Sand sind häufig DNA–Fragmente mit einer mittleren

[1] Erläuterung zur Abb. 3.5:
Nach UPGMA mit dem Programm MSTAT (Bausch & Opitz, 1992) erhaltene Cluster von Endophyten und Referenzen bezüglich morphologischer und physiologischer Merkmale, Verschiedenheit $(v)_{max} = 60$. Identifizierung nach Barnett et al. (1990), Referenzstämme sind mit (^{R}) markiert, Epiphyten (X1 und X2). Für n. e.–Stämme war die klassische Identifizierung nicht eindeutig. Erläuterungen zu den Clustern A und B bzw. 1 - 6 siehe Text.

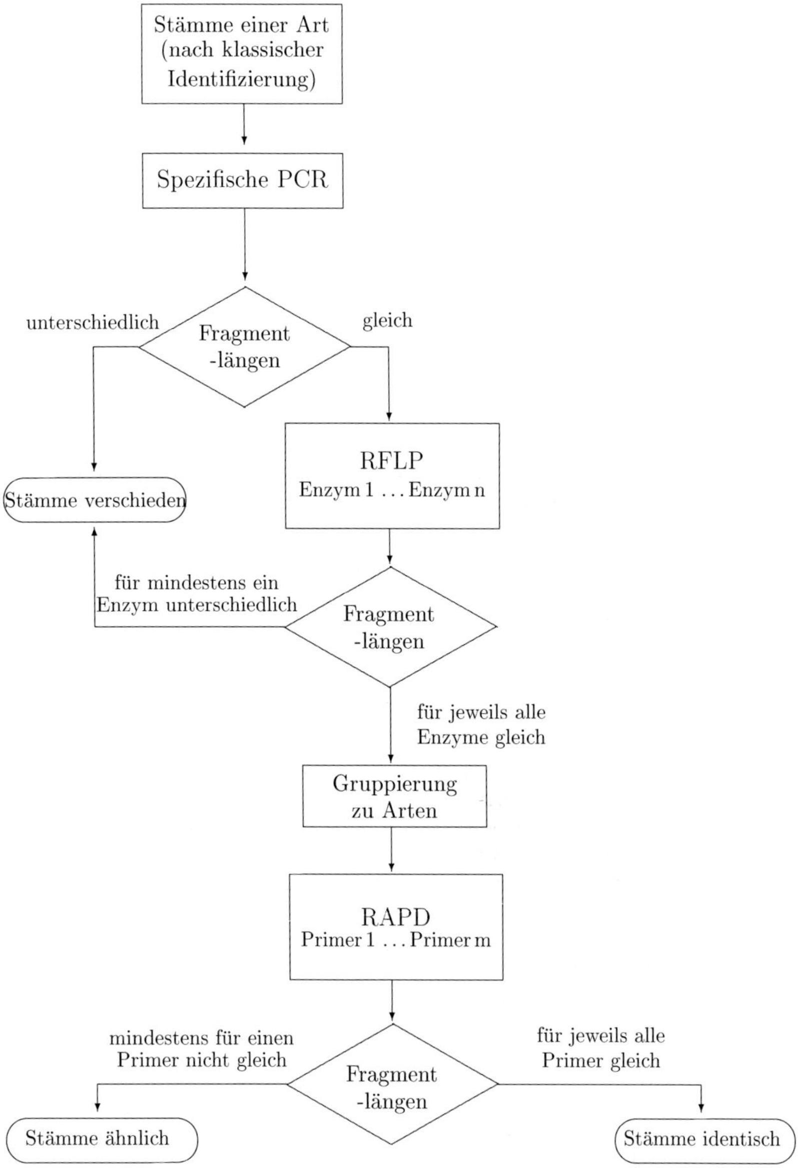

Abb. 3.6: Abfolge der Untersuchungen zur Identifizierung von Hefen

Länge von 500 bp bis 4000 bp entstanden. Da ein Aliquot dieses Gemisches aus verschieden langen DNA–Bereichen elektrophoretisch aufgetrennt wurde (Kap. 2.4.4.3), erscheint im Gel ein langer fluoreszierender Bereich in der Mitte jeder Bahn (Abb. 3.7, Bahnen 2-4). Durch das Mörsern mit dem Kunststoff–Pistill konnten vorwiegend DNA–Stücke mit mehr als 4000 bp extrahiert werden, die im oberen Bereich im Gel zu erkennen sind, da schwere Fragmente im Gel nicht weit wandern (Abb. 3.7, Bahnen 5-7).

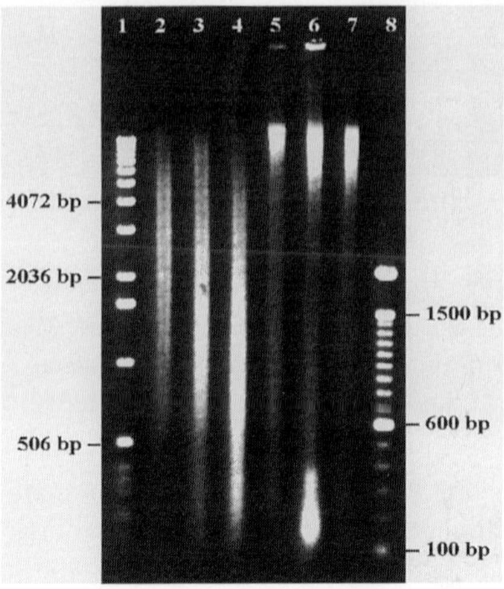

1	=	1 kb Marker
2-4	=	Hefepilze R1, 20, 15 mit Quarzsand gemörsert
5-7	=	Hefepilze R1, 20, 15 ohne Sand mit Pistill gemörsert
8	=	100 bp Marker

(Zu den Kurzbezeichnungen der Hefepilze siehe Tab. 3.3 auf Seite 46.)

Abb. 3.7: DNA–Qualität nach Zellaufschluß

Beide DNA–Extraktionsverfahren fanden in der vorliegenden Untersuchung Anwendung und waren für Amplifizierungen geeignet, da gezeigt werden konnte, daß sowohl das ITS–Gesamtfragment als auch der nachfolgende Einsatz von Restriktionsenzymen für beide Aufarbeitungsmethoden identische Bandenmuster lieferte (Abb. 3.8). Beide DNA–Extraktionsmethoden führten somit zu demselben Ergebnis, was gleichzeitig die gute Reproduzierbarkeit der PCR–Technik bestätigt.

3.3.5.2 PCR–RFLP

3.3.5.2.1 Gelelektrophorese und Auswertung

Nach Amplifizierung von Hefen–DNA mit den Primern ITS-1 und ITS-4 waren zunächst 10 μl Amplikon plus 2 μl Bromphenolblaulösung zur elektrophoretischen Auftrennung aufgetragen worden (Kap. 2.4.4.3). Die eingesetzte Konzentration an DNA war jedoch so hoch, daß keine Banden, sondern längere Spuren im Gel entstanden waren. Eine Reduzierung der eingesetzten DNA–Menge auf 1.5 μl bis 2.5 μl erzeugte für jeden Hefepilz genau ein Fragment, im Folgenden als ITS–Gesamtfragment bezeichnet. Beispielhaft sind für 24 verschiedene Hefepilze in Abb. 3.9 die ITS–Gesamtfragmente dargestellt, die Ergebnisse für alle 74 analysierten Stämme sind in Tab. 3.4 zusammengefaßt.

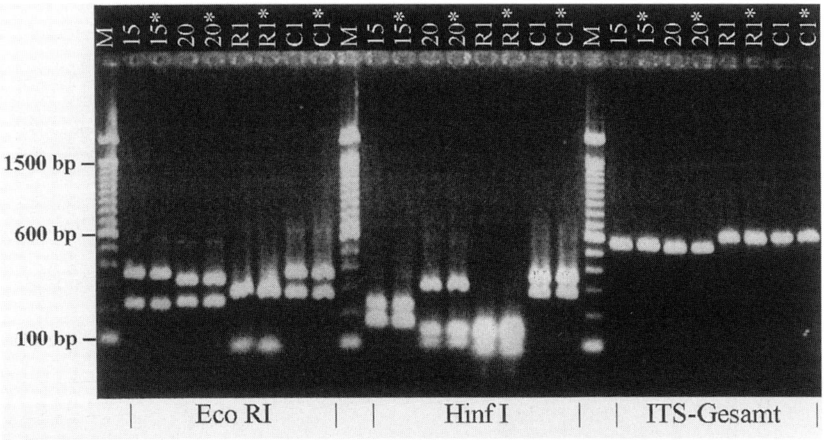

Abb. 3.8: PCR–RFLP–Muster; Vergleich zweier DNA–Extraktionen

Die DNA der mit * gekennzeichneten Stämme wurde mit Quarzsand extrahiert. M steht für Marker (100 bp, Gibco–BRL), Erläuterungen zu den Kurzbezeichnungen der Hefepilze sind in Tab. 3.3 auf Seite 46 zu finden.

Die PCR–Amplifizierung der ITS–Region war für die 74 untersuchten Hefestämme (Endophyten, Epiphyten und Referenzen) erfolgreich. Für die Fragmentlängen wurden Werte im Bereich von 500 bp (z. B. Isolat (2)) bis 800 bp (z. B. Isolat (U1)) ermittelt (Abb. 3.9, Bahnen 2 und 25). Dabei konnten die entstandenen ITS–Fragmente der verschiedenen Hefen insgesamt sieben verschiedenen Längen zugeordnet werden (Kap. 2.4.4.4.3), sie sind in Tab. 3.4 in Spalte 2 aufgeführt.

Ohne weitere Informationen zu den einzelnen Stämmen wären Aussagen zur Gattungszugehörigkeit der in Abb. 3.9 dargestellten Hefen allein mit den Längen der ITS–Gesamtfragmente nicht möglich. Links vom DNA–Marker (Bahn 14) wurden *Cryptococcus*–Isolate (Kap. 3.3.3) aufgetragen, während sich rechts *Rhodotorula*– und *Ustilago*–Isolate befinden.

Es gab keine Fragmentlänge, die charakteristisch für eine Gattung wäre (Tab. 3.4, Spalte 2). Sowohl für *Bullera*– als auch für einige *Cryptococcus*–Isolate, die Isolatnamen beziehen sich auch hier auf die Identifizierungsvorschläge aus Kap. 3.3.3, traten Längen von 550 bp auf (Tab. 3.4). Für die *Cryptococcus*–Vertreter lagen die Längen bei 500 bp bis 600 bp bzw. für die rot pigmentierten Isolate zwischen 600 bp und 750 bp. Bei einem Isolat mit einer ITS–Gesamtfragmentlänge von 600 bp könnte es sich demnach um einen *Cryptococcus*– oder um einen *Rhodotorula*–Stamm handeln.

3.3.5.2.2 Fragmentmuster mittels Restriktionsenzymen

Mit 9 von 20 verschiedenen Restriktionsenzymen (Tab. 2.5) ließen sich im ITS–Gesamtfragment getesteter Hefen–DNA keine Schnittstellen nachweisen.

Tab3.4: Schnittstellen und Fragmentlängen nach PCR-RFLP

Die nach spezifischer PCR mit den Primern ITS-1/ITS-4 erhaltenen Fragmente (Gesamtfragmente, Spalte 2) der Hefen-DNA wurden jeweils mit einem Restriktionsenzym behandelt. Fragmentlängen und Anzahl der Schnittstellen wurden nach gelelektrophoretischer Auftrennung und Ethidiumbromidfärbung bestimmt. Endophyten sind mit arabischen Zahlen gekennzeichnet, Referenzen mit R und Epiphyten mit * markiert.

Hefepilz	ITS-Gesamt-Fragment	Schnittstellenanzahl mit									Längstes Fragment nach Verdau mit								
		Alu I	Ava II	Dde I	Eco RI	Hae III	Hha I	Hinf I	Msp I	Taq I	Alu I	Ava II	Dde I	Eco RI	Hae III	Hha I	Hinf I	Msp I	Taq I
1	600	2	0	2	1	0	1	1	0	1	400	600	400	400	600	330	230	600	330
2	500	0	0	0	1	1	1	1	1	2	500	500	500	330	450	270	300	270	170
3	600	2	0	2	1	0	1	1	0	1	400	600	400	400	600	330	230	600	330
4	550	0	0	1	1	1	1	1	0	1	550	550	370	270	370	300	270	550	270
6	550	0	0	1	1	0	2	1	2	1	550	550	400	370	550	270	300	300	370
8	550	0	1	2	1	0	1	2	0	1	550	450	400	330	550	300	300	550	330
10	650	3	1	2	1	0	0	2	1	2	450	600	370	400	650	650	300	450	230
11	550	0	0	1	1	1	1	1	0	1	550	550	370	270	370	300	270	550	270
12	600	3	0	0	1	2	1	1	0	2	550	600	600	370	370	330	270	600	170
14	550	0	1	2	1	0	1	2	0	1	550	450	400	330	550	300	300	550	330
15	600	3	0	0	1	2	1	1	0	2	550	600	600	370	370	330	270	600	170
16	600	3	0	0	1	2	1	1	0	2	550	600	600	370	370	330	270	600	170
17	550	0	0	1	1	1	1	1	0	1	550	550	370	270	370	300	270	550	270
18	600	3	0	0	1	2	1	1	0	2	550	600	600	370	370	330	270	600	170
19	600	3	0	0	1	2	1	1	0	2	550	600	600	370	370	330	270	600	170
20	550	0	1	2	1	0	1	2	0	1	550	450	400	330	550	300	300	550	330
21	600	3	1	1	1	0	0	2	0	1	550	550	450	370	600	600	270	600	330
22	500	0	0	0	1	1	1	1	1	2	500	500	500	330	450	270	300	270	170
23	650	2	0	3	2	1	1	1	1	2	550	650	400	300	400	330	370	500	230
24	550	0	0	0	1	2	1	2	0	1	550	550	550	270	370	300	270	550	270
30	550	0	1	2	1	0	1	2	0	1	550	450	400	330	550	300	300	550	330
32	550	1	0	1	1	0	0	2	0	1	450	550	450	370	550	550	200	550	300
34	650	2	1	2	1	0	1	1	1	3	550	600	500	400	650	400	300	400	130
40	550	3	0	0	1	2	1	1	0	2	550	550	550	330	400	330	270	550	200
41	600	1	0	1	1	1	1	2	1	3	450	600	400	300	550	300	300	330	170
42	550	0	0	1	1	1	1	1	0	1	550	550	370	270	370	300	270	550	270
43	600	2	0	2	1	0	1	1	0	1	330	600	400	400	600	330	230	600	330
44	550	0	1	2	1	0	1	2	0	1	550	450	400	330	550	300	300	550	330
45	650	1	0	3	1	0	1	1	1	2	550	650	450	400	650	370	200	400	270
46	600	3	0	0	1	2	1	1	0	2	550	600	600	370	370	330	270	600	170
60	700	2	1	1	1	1	2	2	1	2	400	500	450	400	500	330	330	330	200
61	600	3	0	2	1	0	2	2	0	1	500	600	400	370	600	330	230	600	330
62	600	3	0	2	1	0	2	2	0	1	500	600	400	370	600	330	230	600	330
63	600	3	0	2	1	0	2	2	0	1	500	600	400	370	600	330	230	600	330

Fortsetzung Tab 3.4: Schnittstellen und Fragmentlängen nach PCR-RFLP

Hefepilz	ITS-Gesamt-Fragment	Schnittstellenanzahl mit									Längstes Fragment nach Verdau mit								
		Alu I	Ava II	Dde I	Eco RI	Hae III	Hha I	Hinf I	Msp I	Taq I	Alu I	Ava II	Dde I	Eco RI	Hae III	Hha I	Hinf I	Msp I	Taq I
64	750	2	0	2	0	1	2	2	1	3	450	750	230	750	400	370	370	400	230
65	800	2	0	2	0	2	1	2	1	3	550	800	370	800	300	270	330	400	230
66	550	0	1	2	1	0	1	2	0	1	550	450	400	330	550	300	300	550	330
67	700	2	0	1	1	0	1	1	1	2	450	700	400	400	700	330	330	330	270
68	700	3	2	1	1	1	1	2	2	3	330	500	400	400	550	330	270	330	170
69	750	2	0	2	0	2	1	2	1	3	550	750	450	750	300	270	330	400	230
70	600	2	0	1	1	0	2	2	0	1	450	600	370	300	600	330	230	600	330
71	750	2	0	2	0	2	1	2	1	3	550	750	450	750	300	270	330	400	230
72	750	2	0	2	0	2	1	2	1	3	550	750	450	750	300	270	330	400	230
73	600	2	0	1	1	0	2	2	0	1	450	600	370	300	600	330	230	600	330
74	750	2	0	2	0	2	1	2	1	3	550	750	450	750	300	270	330	400	230
75	650	2	1	1	1	0	1	2	1	3	330	500	450	400	650	400	270	370	170
76	750	2	0	2	0	2	1	2	1	3	550	750	450	750	300	270	330	400	230
77	750	2	0	2	0	2	1	2	1	3	550	750	450	750	300	270	330	400	230
78	600	2	0	3	1	0	2	2	1	1	370	600	400	270	600	330	270	300	330
79	700	3	2	1	1	1	1	2	2	3	330	500	400	400	550	330	270	330	170
80	750	2	0	2	0	2	1	2	1	3	550	750	450	750	300	270	330	400	230
81	750	2	0	2	0	2	1	2	1	3	550	750	450	750	300	270	330	400	230
82	700	3	2	1	1	1	1	2	2	3	330	500	400	400	550	330	270	330	170
83	750	2	0	2	0	2	1	2	1	3	550	750	450	750	300	270	330	400	230
^{R}B8	600	2	0	3	2	1	1	1	1	2	550	600	400	300	400	330	370	500	230
^{R}B9	600	2	0	3	2	1	1	1	1	2	550	600	400	300	400	330	370	500	230
^{R}Ba	550	0	1	2	1	0	1	2	0	1	550	450	400	330	550	300	300	550	330
^{R}C1	600	1	0	2	1	1	1	1	0	2	400	600	400	400	550	330	370	600	330
^{R}C2	550	1	0	0	1	0	2	2	1	1	370	550	550	330	550	270	270	300	300
^{R}C3	500	1	0	1	1	0	1	1	0	1	450	500	400	300	500	300	270	500	270
^{R}CF	550	0	0	1	1	0	2	2	2	1	550	550	400	300	550	200	270	300	300
^{R}CL	550	0	1	1	1	0	1	1	2	1	550	450	400	300	550	300	270	230	300
^{R}I	600	2	0	2	1	1	1	2	1	2	400	600	450	400	400	330	270	550	330
^{R}II	500	1	0	1	0	0	1	1	0	1	450	500	400	500	500	300	270	500	270
^{R}III	500	0	1	1	1	1	1	1	1	2	500	450	370	330	400	300	270	450	170
^{R}IV	600	3	0	1	1	0	1	1	1	2	550	600	450	370	600	450	270	450	230
^{R}R1	600	2	0	1	1	1	2	2	1	2	330	600	400	300	400	330	170	500	230
^{R}R2	600	2	0	3	2	1	1	1	1	2	550	600	400	300	400	330	370	500	230
^{R}R3	600	2	0	1	1	0	1	1	1	1	450	600	400	370	600	330	370	400	330
^{R}V	600	2	0	2	3	1	2	1	1	2	450	600	400	370	400	330	370	500	270
^{R}U1	800	2	0	1	0	1	2	1	2	2	450	800	700	800	500	270	450	400	230
^{R}U2	700	1	0	2	1	1	1	3	0	2	450	700	550	400	500	400	170	700	230
*X1	750	2	0	2	0	2	1	2	1	3	550	750	450	750	300	270	330	400	230
*X2	750	1	0	2	0	2	2	1	2	1	550	750	500	750	330	400	370	400	400

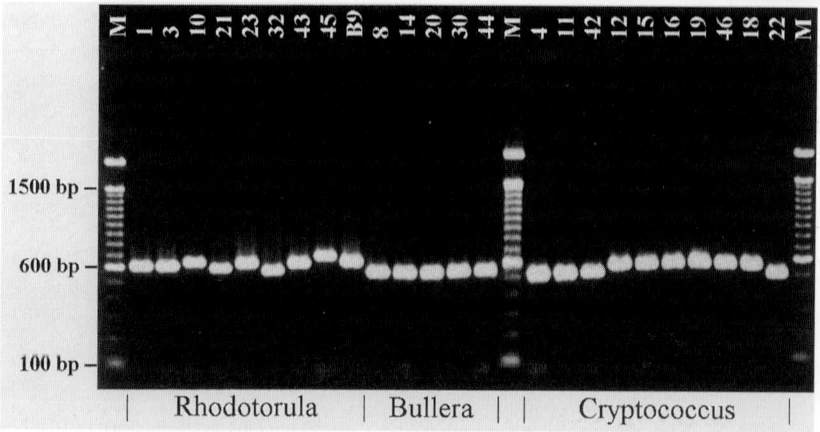

Abb. 3.9: ITS–PCR, Gesamtfragmente verschiedener Hefepilze

M steht für Marker (100 bp, Gibco–BRL), die Kurzbezeichnungen der Hefepilze sind in Tab. 3.3 auf Seite 46 zu finden.

Zur Differenzierung der amplifizierten DNA und somit zur Unterscheidung der untersuchten Hefen waren diese Enzyme folglich nicht einsetzbar (Apa LI, Bam HI, Dra I, Hind III, Knp I, Pst I, Sma I, Xba I und Xho I). Schnittstellen konnten dagegen mit 11 anderen Enzymen erzeugt werden. Neun von ihnen, Alu I, Ava II, Dde I, Eco RI, Hae III, Hha I, Hinf I, Msp I und Taq I, wurden für eine Differenzierung aller 74 in die Analyse einbezogenen Hefepilze eingesetzt. Jedes Enzym erzeugte ein für jeden Hefepilz typisches Bandenmuster.

Bis zu drei Schnittstellen wurden in einzelnen Fällen nachgewiesen (Tab. 3.4), dabei wurden kleinste DNA–Fragmente, überschüssige Primer oder RNA, die sich im untersten Bereich des Gels (<100 bp) als eine Bande gesammelt hatten, nicht gewertet. Da die Summe der Fragmentlängen genau der Länge des Gesamtfragmentes entspricht, kann man aus der Bandenanzahl direkt bzw. indirekt die Schnittstellenhäufigkeit ermitteln, siehe hierzu auch Abb. 3.10.

Auch nach Verdau mit dem Restriktionsenzym Dde I erschien z. B. für das Isolat (C2) (Abb. 3.10, Bahn 8) nur eine Bande mit einer Länge von 550 bp, was genau der Länge des ITS–Gesamtfragmentes entspricht (Tab. 3.4), fluoreszierende Bereiche <100 bp wurden nicht gewertet, s. o. Der Pilz (C2) hat somit im untersuchten DNA–Abschnitt keine Dde I–Schnittstelle. Demgegenüber zeigte das gleich lange Gesamtfragment des Stammes (CF) nach Enzymbehandlung zwei Fragmente (Bahn 9, Abb. 3.10), das größere war 400 bp, das kürzere 150 bp lang. Hier lag im untersuchten ITS–Fragment eine Schnittstelle für Dde I. Die ebenfalls 550 bp langen ITS–Gesamtfragmente der Hefepilze (20), (66) und (Ba) wurden durch das Enzym Dde I in drei verschieden lange Bruchstücke zerlegt (Bahnen 10–12, Abb. 3.10). Das Gesamtfragment wurde demnach durch eine Schnittstelle in ein 400 bp und ein 150 bp Stück geteilt,

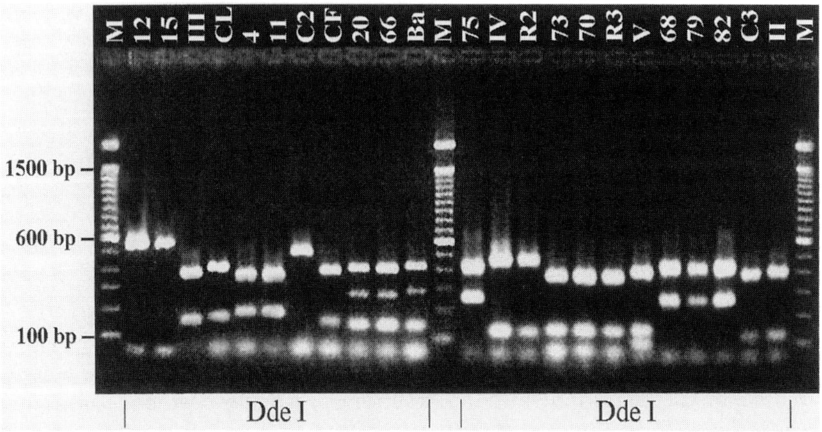

Abb. 3.10: PCR–RFLP–Muster verschiedener Isolate nach Dde I–Verdau
M steht für Marker (100 bp, Gibco–BRL), die Kurzbezeichnungen der Hefepilze sind in Tab. 3.3 auf Seite 46 zu finden.

durch eine andere Schnittstelle entstanden zwei 275 bp lange Fragmente. Aufgrund der drei Bruchstücke ließ sich somit auf zwei Schnittstellen schließen. Der Fragmentlängen–Polymorphismus, als Ergebnis aus der Behandlung aller 74 ITS–Gesamtfragmente mit neun verschiedenen Restriktionsenzymen, ist in der Tab. 3.4 in den Spalten drei bis 11 zusammengefaßt. Durch Einsatz von Restriktionsenzymen ließ sich also zeigen, daß gleiche Basenpaarlängen der ITS–Gesamtfragmente zweier verschiedener Hefen unterschiedliche Basenabfolgen beinhalten können.

3.3.5.2.3 Ähnlichkeitsanalysen

Um Anhaltspunkte für eine mögliche Identifizierung oder die Bedeutung von Ähnlichkeiten/Unterschieden einzelner Stämme zueinander zu erlangen, wurden bereits vor der Durchführung der PCR–RFLP–Analyse morphologische und physiologische Daten der endophytischen Hefen erhoben und Identifizierungen nach klassischem Verfahren durchgeführt (Kap. 3.3.3). Diese Bestimmungen bildeten die Grundlage für die Auswahl von Referenzstämmen, die von Stammsammlungen bezogen wurden (Kap. 2.3.3). Referenzstämme, für die eine endophytische Herkunft beschrieben wäre, waren nicht verfügbar. Z. T. wurden zwei Isolate derselben Art in die Untersuchung einbezogen, um gegebenenfalls arttypische Charakteristika durch Vergleich der erzeugten Bandenmuster zu erkennen.

Zur Suche nach identischen oder ähnlichen Hefestämmen wurden neben dem ITS–Geamtfragment (Kap. 2.4) die Fragmentmuster, die sich nach dem Restriktionsverdau ergeben hatten, miteinander verglichen. Von besonderem Interesse waren die Anzahl vorhandener Restriktionsschnittstellen und die damit entstandene Zahl an Fragmenten. Zusätzlich gab die Länge der erzeugten

DNA–Bruchstücke (Tab. 3.4, Spalten 12 bis 20) Hinweise auf Identität bzw. Verschiedenheit der untersuchten Hefepilze. So können zwei Isolate mit gleich langem Gesamtfragment und gleicher Zahl an Schnittstellen nicht identisch sein, wenn die entstandenen Teilfragmente bei beiden Hefen unterschiedlich lang sind. Die Schnittstellen liegen dann in unterschiedlichen Abständen von den ursprünglichen Gesamtfragmentenden entfernt, was unterschiedlicher genetischer Information entspricht. Je häufiger die Bandenmuster zweier Hefepilze nach Verdau mit demselben Enzym übereinstimmen, desto ähnlicher sind die Pilze einander.

Lassen sich für einen Endophyten und einen Referenzstamm durch PCR–RFLP identische Muster erzeugen, so kann der unbekannte Stamm identifiziert werden. Da für dieses Verfahren keine Kultivierungen nötig sind, sollte geprüft werden, ob die mit morphologischen und physiologischen Methoden nicht eindeutig bestimmten Endophyten (Tab. 3.3) auf dieser molekularbiologischen Basis identifiziert werden können.

Mit dem Programm MSTAT (Bausch & Opitz, 1992) wurde eine Distanzmatrix für die 74 analysierten Hefen, 54 Endophyten (arabische Zahlen), 2 Epiphyten (*) und 18 Referenzen (^{R}) mit je 19 PCR–RFLP–Merkmalen (Schnittstellen und Fragmentlängen) bestimmt (Kap. 2.5). Die nach dem UPGMA–Verfahren durchgeführte Clusteranalyse führte zum Dendrogramm der Abb. 3.11.

Würde man eine PCR–RFLP–Analyse ohne weitere Informationen über die Organismen durchführen, aus denen die DNA gewonnen wurde, so ließen sich anhand eines Dendrogrammes nur begrenzt Aussagen treffen. Stämme, die ein Cluster mit einer Verschiedenheit von (v) = 0 bildeten, sind bezüglich der untersuchten PCR–Muster identisch und gehören daher zu derselben Art, gegebenenfalls Unterart (z. B. Cluster 3, 5 oder 7, Abb. 3.11). Gab es jedoch Unterschiede im Bandenmuster nach der Restriktionsanalyse mit mindestens einem Enzym (z. B. andere Schnittstellenanzahl oder andere Fragmentlängen), so bildeten solche Stämme im Dendrogramm Cluster für (v) > 0. Dabei sind Stämme, die mit einem sehr kleinen Wert für (v) mit einem anderen Stamm oder einer Gruppe zusammen clustern einander ähnlicher, d. h. näher miteinander verwandt, als Stämme, für die große Verschiedenheiten bestimmt wurden. Inwieweit es sich hierbei um individuelle Unterschiede handelt oder ob dargestellte Ähnlichkeiten bereits Unterarten oder sogar Arten voneinander trennen, wie z. B. im Cluster 1 (Stämme 1, 3 und 43), läßt sich nicht mit einem festen Wert für (v) angeben.

19 Merkmale, die Länge des ITS–Gesamtfragmentes und des jeweils längsten Fragmentes nach Verdau mit neun verschiedenen Enzymen sowie die Anzahl an Restriktionsschnittstellen, die durch diese neun Enzyme entstanden waren (Tab. 3.4) sind ohne Gewichtung in die Distanzmatrix–Berechnung (Kap. 2.5) für die 74 untersuchten Hefepilze eingegangen. Nach der Clusteranalyse betrug der größte Wert für die Verschiedenheit (v) = 15,09 (Abb. 3.11). Die Gruppe D, im Dendrogramm unten dargestellt, unterscheidet sich somit durchschnittlich in 15 von 19 Merkmalen von den übrigen 60 Isolaten. Von

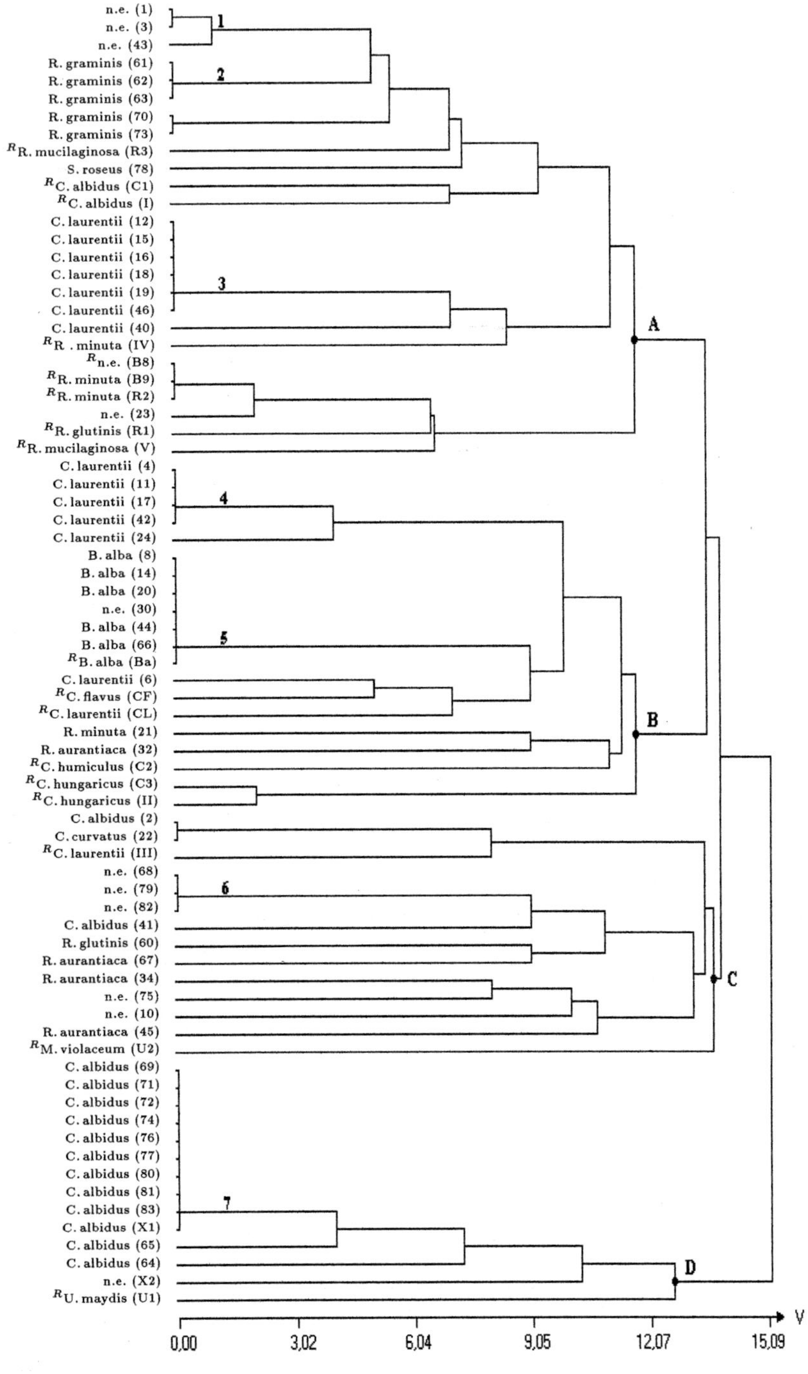

Abb. 3.11: Dendrogramm zur PCR–RFLP

diesen letztgenannten Isolaten unterscheiden sich in fast 14 Merkmalen die Stämme der Gruppe C von denen, die die Gruppen A und B bilden. So lassen sich an verschiedenen Punkten immer kleinere Gruppen von anderen trennen bis für den Wert (v) = 0, wie in den Clustern 2-7, von identischen Isolaten ausgegangen werden kann.

Beim Cluster 5 handelte es sich um die einzige Gruppe, in der Endophyten zusammen mit einem Referenzstamm auf dem Niveau (v) = 0 als identisch eingestuft werden konnten. Nach den PCR–RFLP–Daten wurden sechs Endophyten (8, 14, 20, 30, 44, 66) durch Vergleich mit dem bekannten Stamm (Ba) als *Bullera alba* identifiziert. Damit ist der nach morpho – und physiologischen Merkmalen unsicher identifizierte endophytische Stamm (30) als *B. alba* bestimmt.

Die rot pigmentierten Isolate im Cluster 1 waren nach klassischer Bestimmung ebenfalls nicht eindeutig zu identifizieren. Aufgrund molekularbiologischer Merkmale wurde eine Identität zwischen Isolat (1) und (3) und große Ähnlichkeit hierzu für Isolat (43) gefunden. In den Clustern 3 und 4 haben sich sechs bzw. vier identische Isolate gruppiert. Alle zehn Isolate waren als *C. laurentii* identifiziert worden (Kap. 3.3.3), Cluster 3 ist jedoch in Gruppe A, Cluster 4 in Gruppe B zu finden. Von den beiden *C. laurentii* – Referenzen befindet sich Stamm (CL) in der Gruppe B, Stamm (III) in Gruppe C. Auch für Isolate, die als *R. graminis* identifiziert worden waren, sind nach der PCR–RFLP zwei Gruppen zu unterscheiden, Cluster 2 einerseits und die Isolate (70) und (73) andererseits.

Große Unterschiede fielen für Referenzstämme derselben Art auf. Die *C. albidus* – Referenzen (C1 und I) unterschieden sich in fast der Hälfte der Merkmale, die Stämme (R3) und (V) waren sogar in zwei verschiedenen Untergruppen von A zu finden, so daß größere Änlichkeit zwischen der *R. mucilaginosa* – Referenz (V) und der *R. glutinis* – Referenz (R1) bestehen müßte. Entsprechendes gilt auch für die untersuchten *C. laurentii* – Referenzen, Stamm (CL) zeigt mehr Gemeinsamkeiten mit der *C. flavus* – Referenz (CF) als mit Stamm (III). Die PCR–RFLP–Analyse scheint hier größere Unterschiede aufzuzeigen als dies anhand der klassischen Bestimmung nach Barnett et al. (1992) möglich war.

Die PCR–RFLP–Analyse ermöglicht im Falle eines identischen Musters die Zuordnung von isolierten Endophyten zu derselben Art. Gattungsspezifische PCR–Muster wurden für die analysierten Hefepilze jedoch nicht nachgewiesen. Eine Identifizierung durch Vergleich mit Referenzstämmen gelang lediglich für *Bullera alba* – Isolate. Gleichwohl bestätigt das molekularbiologische Verfahren die große Heterogenität unter den Referenzstämmen, wie dies z. T.

[1] Erläuterung zur Abb. 3.11:
Nach UPGMA–Verfahren mit dem Programm MSTAT (Bausch & Opitz, 1992) erhaltenes Dendrogramm bezüglich PCR–RFLP–Merkmalen von Endophyten (arabische Ziffern), Referenzen (^{R}) markiert und Epiphyten (X1 und X2). Die maximale Verschiedenheit betrug $(v)_{max} = 19$. Erläuterungen zu den Clustern A-D bzw. 1-7 im Text.

bereits bei dem Vergleich morpho – und physiologischer Merkmale aufgefallen war (Kap. 3.3.4).

3.3.5.3 Kombination physio – und molekularbiologischer Daten

Bezüglich ihrer morphologischen und physiologischen Merkmale wurden 44 Endophyten durch Vergleich mit standardisierten Artmerkmalen nach Barnett et al. (1990) eindeutig identifiziert, für zehn der Stämme blieben jedoch Unsicherheiten (Kap. 3.3.3). Durch Vergleich mit einzelnen Referenzstämmen waren Identifizierungen der Endophyten weder aufgrund der erhobenen morpho – und physiologischen Daten noch anhand der RCP–RFLP–Analyse möglich. Mit beiden Verfahren wurde gezeigt, daß die analysierten Referenzstämme mit demselben Artnamen keinesfalls identisch waren. Z. T. bestand sogar größere Ähnlichkeit zu Stämmen einer anderen Gattung als zur gleichnamigen Art (Kap. 3.3.4 und 3.3.5.2.3). Aufgrund solcher großen Variabilitäten waren eindeutige Identifizierungen der endophytischen Hefen durch Vergleich mit den analysierten Referenzstämmen nur in wenigen Fällen möglich.

Insbesondere die Clusteranalyse mit den PCR–RFLP–Daten hat aber verdeutlicht, daß innerhalb der endophytischen Isolate, die z. T. in verschiedenen Jahren isoliert worden sind (Tab. 3.3), Gruppen mit identischen Isolaten vorkommen. Es erschien daher sinnvoll, die Identifizierung nach Barnett et al. (1990) aufgrund dieser zusätzlich gewonnenen Erkenntnisse zu ergänzen.

Zu diesem Zweck sollten beide Identifizierungsverfahren miteinander kombiniert werden. Eine Clusteranalyse mit den erhobenen 60 morpho – und physiologischen Daten plus den 19 PCR–RFLP–Daten wäre allerdings nicht sinnvoll: Würde jedem der 79 Merkmale gleiches Gewicht beigemessen, bekäme z. B. die Fähigkeit oder das Fehlen einer Kohlenhydratverwertung, was u. U. durch die Kultivierung bedingt war, verglichen mit einer genetisch festgelegten Ausprägung einer Restriktionsschnittstelle gleiche Bedeutung. Wie ein einzelnes phänotypisches Merkmal gegenüber einem genotypischen angemessen bewertet werden sollte, vermag vermutlich niemand korrekt festzulegen.

In der vorliegenden Arbeit wurde folgendermaßen verfahren: Die klassische Identifizierung diente als Grobeinteilung, die durch molekulare Daten verfeinert wurde. Der Namensvorschlag nach dem Idenitifizierungsprogramm (Tab. 3.3) wurde dazu als ein Merkmal betrachtet, dem durch 19fache Wertung genauso viel Gewicht beigemessen wurde wie den insgesamt 19 PCR–Merkmalen (Tab. 3.4). Da jedoch für insgesamt 12 der analysierten 74 Hefen, davon zehn Endophyten, die Identifizierung nicht eindeutig war, wurde für jeden der vorgeschlagenen Namen eine Distanzmatrix bestimmt. Zunächst wurde

[1] Erläuterung zur Abb. 3.12:
Nach WPGMA mit dem Programm MSTAT (Bausch & Opitz, 1992) erhaltene Cluster von endophytischen Hefen, Referenzen (^{R}) und Epiphyten (X1 und X2) bezüglich 19 PCR–Merkmalen und gewichteter Namensgebung (nach Barnett et al., 1990), Verschiedenheit $(v)_{max} = 38$. Endophytische Hefeisolate, die nicht eindeutig identifiziert werden konnten, sind mehrfach gelistet.

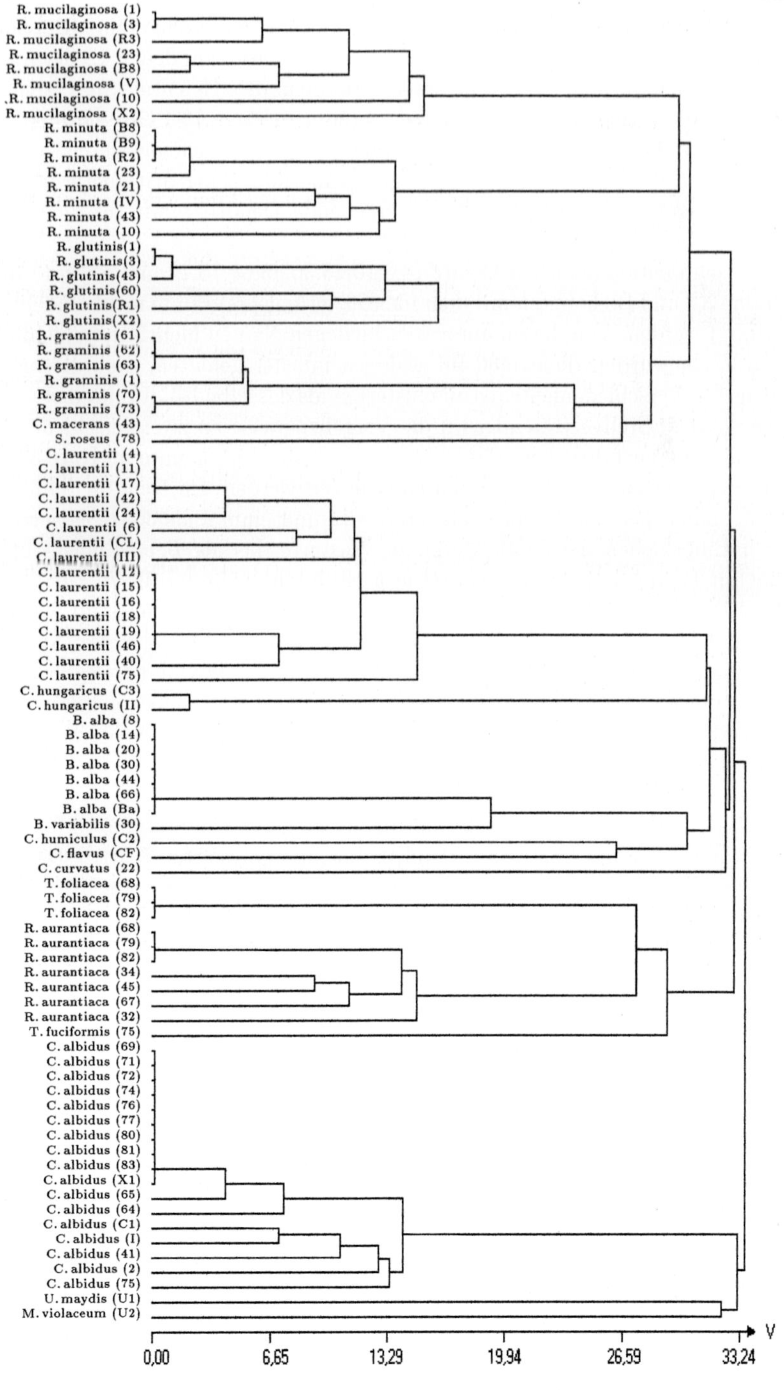

Abb. 3.12: Dendrogramm als Identifizierungshilfe

also eine Clusteranalyse für 89 Hefen mit 20 Merkmalen durchgeführt. Bei den Hefen handelte es sich um die 74 verschiedenen Isolate, von denen 12 Stämme insgesamt 27 mal (neun Hefen mit zwei Artnamen, drei Hefen mit drei Artnamen) gelistet wurden. Die 20 Merkmale setzten sich aus 19 PCR–Merkmalen (Tab. 3.4) und einmal dem jeweiligen Namen, welcher 19fach gewichtet wurde, zusammen (WPGMA, weighted pair–group method using arithmetic averages). Abb. 3.12 zeigt das sich daraus ergebende Dendrogramm, es dient als Zwischenergebnis.

Die zehn endophytischen Isolate (1,3,10,23,30,43,68,75,79 und 82) und die Stämme X2 und B8 konnten mit dem Identifizierungsprogramm nicht eindeutig bestimmt werden. Von diesen unter verschiedenen Namen mehrfach aufgeführten Isolaten wurden diejenigen für wahrscheinlicher gehalten, die auf einem niedrigeren Verschiedenheitsniveau clusterten als dasselbe Isolat mit einem anderen Namen. Stellvertretend wird die Vorgehensweise an zwei verschiedenen Hefestämmen ausführlicher erläutert: Für das Isolat (30) konnte im Kap. 3.3.3 nicht zwischen zwei *Bullera*– Arten entschieden werden. Im Dendrogamm erscheint daher das Isolat einmal als 30-*B. alba* und einmal als 30-*B. variabilis.* Durch Einbeziehen der PCR–Merkmale clusterte das als *B. alba* eingestufte Isolat für (v) = 0 mit den übrigen *B. alba*– Isolaten, während für *B. variabilis* (v) $\geq$ 19 war und dieser Name deswegen als unwahrscheinlich eingestuft wurde. Für das Isolat (75) waren nach der Barnett–Identifizierung sogar drei Namen gleich wahrscheinlich. Nach Berechnung der Distanzmatrix und erfolgter Clusteranalyse waren die Namen *Tremella fuciformis* und *Cryptococcus laurentii* mit Werten für (v) = 29 und (v) = 14,8 für den Stamm (75) unwahrscheinlich, da das Isolat (75) mit dem Namen *C. albidus* für (v) = 13,29 mit den übrigen *C. albidus*– Stämmen eine Gruppe bildete.

Nach diesem Schema wurde für alle mehrfach gelisteten Stämme verfahren. So wurde es möglich, eine Clusteranalyse für die analysierten 74 Hefestämme mit jeweils einem Artnamen durchzuführen (Abb. 3.13).

In dem Baumdiagramm (Abb. 3.13) haben sich fünf Großgruppen (A, B, C, D, und E) auf sehr hohen Verschiedenheitsniveaus zwischen 31 $\leq$ (v) $\leq$ 33 gebildet. Zwar waren nur 20 Merkmale in die Betrachtung einbezogen, durch die Gewichtung für das Namensmerkmal entspricht $(v)_{max}$ jedoch dem Wert 38. Für (v) > 19 spiegelt die Clusterung die klassische Identifizierung nach Barnett et al. (1990) wider. Zieht man eine Linie bei (v) = 19, so kreuzt diese 15 Zweige des Clusters, die den 15 verschiedenen Arten der insgesamt 74 analysierten Hefen entsprechen. Angehörige einer Art sind durch diese Clusterung auf der linken Seite untereinander gelistet. Cluster mit Werten (v) < 19 erlaubten durch die PCR–Analyse eine Differenzierung innerhalb von Arten.

Die Kombination von Namensgebung nach morpho– und physiologischen

[1] Erläuterung zur Abb. 3.13:
Nach WPGMA mit dem Programm MSTAT (Bausch & Opitz, 1992) erhaltene Cluster von Endophyten, Referenzen und zwei Epiphyten (X1 und X2) bezüglich 19 PCR–Merkmale und gewichteter Namensgebung (nach Barnett et al., 1990), Verschiedenheit $(v)_{max}$ = 38. Erläuterungen zu den Clustern A-E bzw. 1-7 siehe Text.

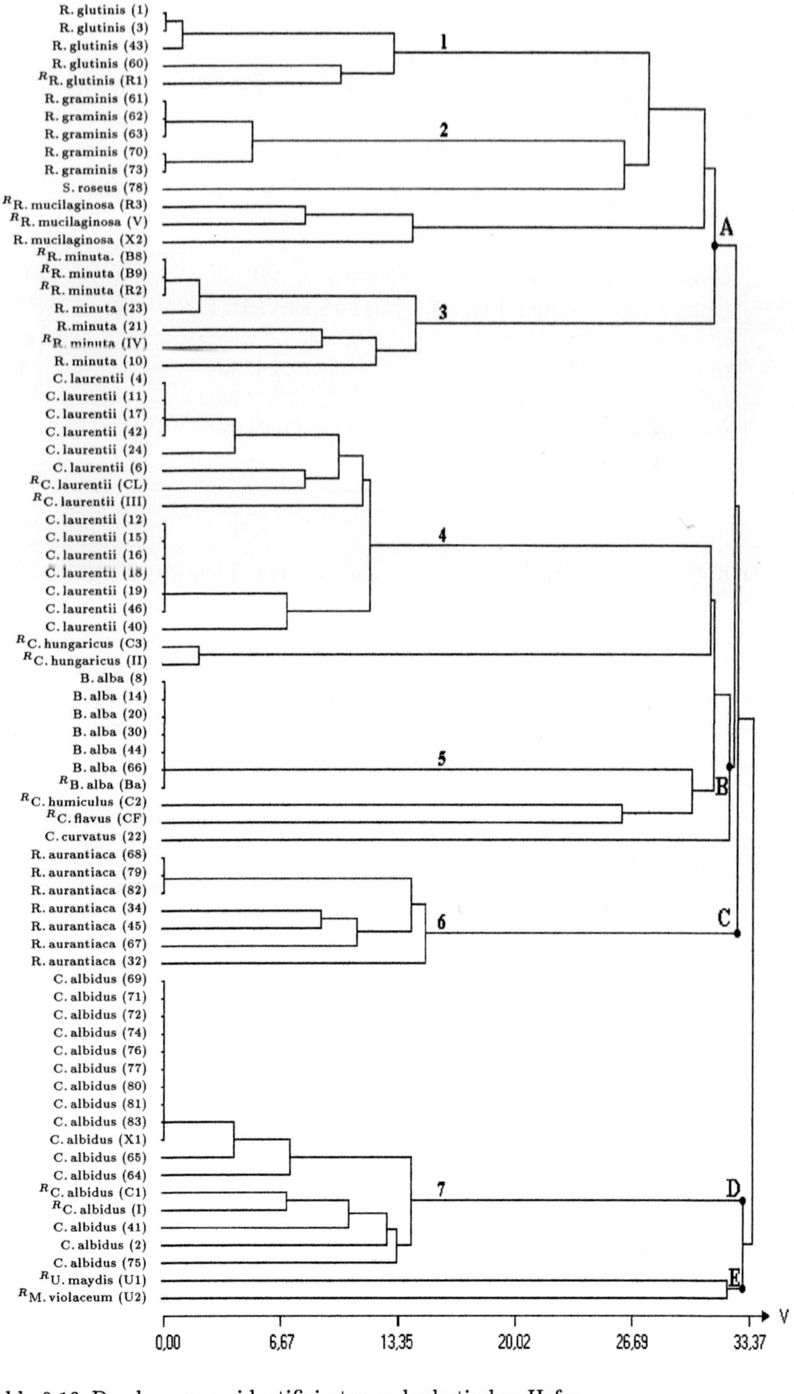

Abb. 3.13: Dendrogramm identifizierter endophytischer Hefen

Tab. 3.5: Identifizierte endophytische Hefen aus *Trifolium repens*

Die Identifizierung erfolgte mittels morpho–, physio– und molekularbiologischer Daten.

Art	**Isolatnummer**
Bullera alba	8,14,20,30,44,66
Cryptococcus albidus	2,41,64,65,69,71,72,74,75,76,77,80,81,83
Cryptococcus curvatus	22
Cryptococcus laurentii	4,6,11,12,15,16,17,18,19,24,40,42,46
Rhodotorula aurantiaca	32,34,45,67,68,79,82
Rhodotorula glutinis	1,3,43,60
Rhodotorula graminis	61,62,63,70,73
Rhodotorula minuta	10,21,23
Sporobolomyces roseus	78

Daten und der PCR–RFLP–Analyse ermöglichte eine Identifizierung endophytischer Hefen. Gleichzeitig wurden z. T. große Heterogenitäten innerhalb der bestimmten Arten sowohl bei den analysierten Referenzstämmen als auch bei den Endophyten aufgezeigt.

Wie bereits im Kap. 3.3.5.2.3 beschrieben konnten sechs der Endophyten eindeutig als *B. alba* identifiziert werden (Cluster 5). Eine Gruppe von neun Endophyten und einer epiphytischen Hefe sind als identisch einzustufen, während andere ebenfalls als *C. albidus* identifizierte Stämme, u. a. auch die Referenzen (C1 und I), Unterschiede für Werte bis (v) > 13 aufweisen (Cluster 7). Cluster 4 enthält alle als *C. laurentii* bestimmten Isolate. Zwei Untergruppen von jeweils untereinander identischen Endophyten haben sich gebildet, wobei die Referenzstämme (CL und III) mehr Ähnlichkeiten zum Cluster mit den vier identischen Stämmen zeigen. Größere Unterschiede sind für verschiedene *Rhodotorula*– Arten zu erkennen (Cluster 1, 3, 6). Gerade im Cluster 6 fällt auf, daß drei Endophyten identisch sind, aber auch zwei rot pigmentierte Stämme (32 und 67) als *R. aurantiaca* identifiziert wurden. Nach dem Identifizierungsprogramm ist das Merkmal zur Pigmentierung bei dieser Art durchaus variabel (Tab. 6.1).

Nach den bisher dargestellten Ergebnissen als Kombination aus klassischer Idenitifizierung (Barnett et al., 1990) und PCR–RFLP–Analyse wurden die 54 getesteten endophytischen Hefen den vier verschiedenen Gattungen *Bullera*, *Cryptococcus*, *Rhodotorula* und *Sporobolomyces* mit insgesamt neun Arten zugeordnet (Tab. 3.5).

Folgende Ergebnisse lassen sich für die Identifizierung aller aus Weißklee isolierten endophytischen Pilze zusammenfassen. Innerhalb der Gruppe der Mycelpilze konnten 37 Arten bestimmt werden (Tab. 3.1), in der Gruppe der Hefepilze waren es neun (Tab. 3.5). Es wurden 19 sterile Mycelien elf verschiedenen morphologischen Typen zugeordnet. Das Endophytenspektrum der Wirtspflanze *Trifolium repens* beinhaltet insgesamt also mehr als 50 verschiedene Pilzarten. Durch die Kombination klassischer und molekularbiologischer Merkmale wurde im Rahmen der Hefenidentifizierung für Stämme einer Art z. T. größere Unterschiede nachgewiesen. Vielleicht stellen endophytische Vertreter Unterarten der jeweiligen Art dar.

3.3.5.4 RAPD

Um zu untersuchen, ob die nach der PCR–RFLP–Analyse dargestellten Unterschiede zwischen Hefepilzen derselben Art eine innerartliche Vielfalt darstellen, wurde mit einem Teil der Isolate eine RAPD Analyse durchgeführt.

3.3.5.4.1 Primerwirksamkeit und DNA–Quantität

Die Überprüfung der für eine RAPD–Analyse einzusetzenden Menge an Hefen–DNA ergab für den als optimal einzustufenden Konzentrationsbereich zwischen 0,3 ng und 18 ng konstante, reproduzierbare Bandenmuster. Für kleinere bzw. größere Mengen (0,1 ng bzw. 36 ng) traten z. T. weniger Fragmente in Erscheinung. Es wurden daher sämtliche RAPD–Untersuchungen mit 2 ng je Ansatz durchgeführt.

3.3.5.4.2 DNA–Amplifizierung

Von 17 getesteten Operon–Decamerprimern (Kap. 2.6) lieferten sieben keine Amplifikationsprodukte (D-01, D-02, D-04, D-06, D-09, D-10, D-12). Zur Differenzierung endophytischer Hefepilze konnten folgende Primer als geeignet eingestuft werden: D-03, D-05, D-07, D-08, D-11, D-13 und Y-02, Y-16, Y-18, Y-20. Sie führten zu Fragmentmustern mit unterschiedlicher Ausprägung. Je nach Primer und Hefestamm konnten zwei ((CF) Bahn 3, Abb. 3.15) bis zwölf ((8) Bahn 3, Abb. 3.14) verschieden lange DNA–Fragmente detektiert werden. Ihre Größe lag zwischen 170 bp ((U3) Bahn 13, Abb. 3.15) und über 3000 bp ((8) Bahn 3, Abb. 3.14) und wurde wie bereits bei der PCR–RFLP–Analyse beschrieben (Kap. 2.4.4.3 und 2.4.4.4.3), nach elektrophoretischer Auftrennung durch Vergleich mit einem 100 bp Marker abgeschätzt. Zudem ließen sich Banden unterschiedlicher Fluoreszenzintensität und damit verschiedener Konzentrationen erkennen. Jeder Primer lieferte für jeden Organismus ein reproduzierbares, individuelles Muster. Die Abb. 3.14, 3.15 und 3.16 vermitteln einen Eindruck über die Vielfalt der Fragmentmuster, genauere Beschreibungen hierzu erfolgen im Kap. 3.3.5.4.3.

3.3.5.4.3 Suche nach identischen Isolaten

In Abb. 3.14 fallen die vier nebeneinander angeordneten Isolate (8), (14), (20) und (30) durch sehr ähnliche Bandenmuster auf (Bahnen 3-6; 15-18). Mit dem Primer OPD-05 amplifiziert (Bahnen 3-6) sind die Muster dieser vier als *Bullera alba* identifizierten Stämme (Kap. 3.3.5.3) identisch. Nach Amplifikation mit Primer OPD-13 (Bahnen 15-18) ist bei den Isolaten (20) und (30) zwar die Bande der Länge 550 bp nur sehr schwach ausgeprägt oder fehlt und auch die 1800 bp–Bande des Stammes (20) ist bei den drei übrigen kaum erkennbar. Dennoch lassen sich die gut übereinstimmenden Muster der vier *B. alba*–Stämme von den ebenfalls im Gel aufgetragenen, rot pigmentierten Isolaten klar unterscheiden (Bahnen 7-10; 19-23). Die eindeutige Identifizierung der *Bullera alba*–Isolate (Kap. 3.3.5.3) kann mit den RAPD–Mustern bestätigt werden.

Für die aus Weißklee isolierten Stämme, die nach klassischer Identifizierung als C. laurentii bestimmt worden waren (Tab. 3.3), konnte mit der PCR–RFLP–Analyse eine Aufteilung in zwei Untergruppen festgestellt werden (Kap. 3.3.5.3). Für einige dieser Isolate zeigt Abb. 3.15 RAPD–Muster, die mit den Primern OPD-05 und OPD-13 erzeugt worden sind (Bahnen 4-10; 17-23). Die Isolate waren im Gel nicht in der Reihenfolge angeordnet worden, wie dies der Einteilung in die zwei Untergruppen entsprochen hätte. Ohne Vorkenntnisse über die zu untersuchenden Organismen lassen sich übereinstimmende Muster aufgrund der großen Verschiedenheit kaum erkennen. Bei genauerer Betrachtung und durch Einbeziehen der bereits beschriebenen Erkenntnisse aus Kap. 3.3.5.3 läßt sich aber die dort deutlich gewordene Aufteilung der *C. laurentii*–Vertreter in zwei Gruppen bestätigen. Mit beiden Primern amplifiziert haben Isolat (4) und (17) untereinander identische Bandenabfolgen (Bahnen 7 und 10 bzw. 20 und 23) und lassen sich von den Mustern der übrigen Stämme unterscheiden.

Die Ähnlichkeiten der Isolate (12), (15), (16), (18), (19) und (46) untereinander, alle gehörten nach der PCR–RFLP–Analyse zur zweiten *C. laurentii*–Untergruppe, werden in der Abb. 3.16 noch deutlicher. Hier wurden die Muster nach Amplifizierung mit den Primern OPD-08, OPD-11 und OPD-07 nebeneinander angeordnet. Die Isolate (12) und (18), mit Primer OPD-08 amplifiziert, haben eine 800 bp–Bande mehr als die Stämme (15), (16), (19) und (46) (Bahnen 2-9). Mit Primer OPD-11 amplifiziert, haben (19) und (46) eine stark fluoreszierende Bande der Länge 700 bp mehr als (15), (16) und (18), wohingegen bei den Stämmen (15) und (16) die 1000 bp–Bande fehlt (Bahnen 10-13 und15-18).

Ähnliches läßt sich für die Bandenmuster mit Primer OPD-7 beschreiben (Bahnen19-26). Hier fehlt den Isolaten (15), (16) und (18) eine Bande der Länge 1000 bp, bei den Stämmen (19) und (46) ist die 600 bp–Bande nicht zu erkennen. Trotz dieser exemplarisch beschrieben Unterschiede für einzelne Banden fällt dennoch die große Ähnlichkeit der sechs Endophyten auf. Der zwischen den Stämmen (18) und (46) angeordnete Stamm(22) zeigt mit allen

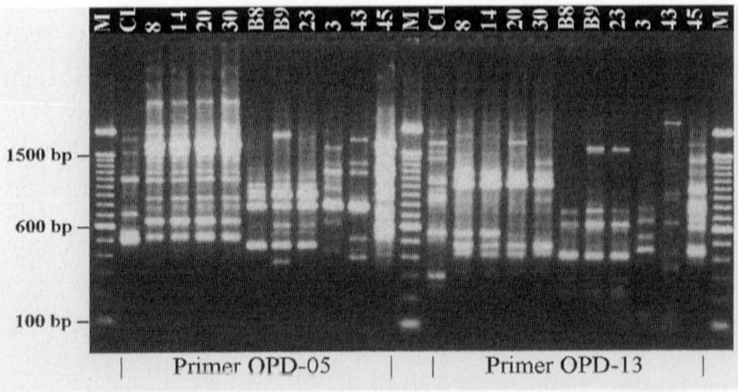

M = Marker, Kurzbezeichnungen der Hefepilze siehe Tab. 3.3, Seite 46.

Abb. 3.14: RAPD–Muster von *Bullera* – und *Rhodotorula* – Isolaten

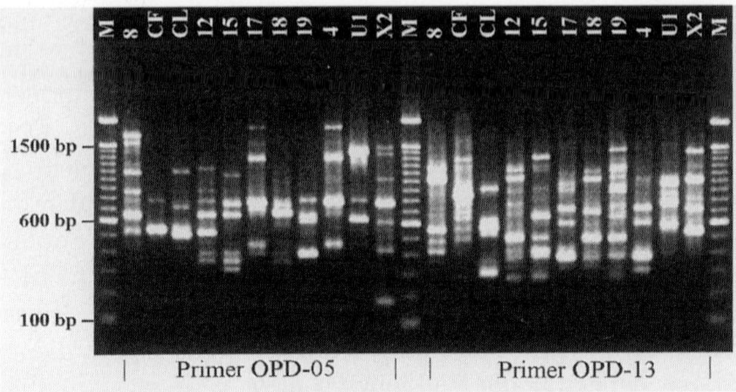

M = Marker, Kurzbezeichnungen der Hefepilze siehe Tab. 3.3, Seite 46.

Abb. 3.15: Unterschiede im RAPD–Muster bei *Cryptococcus* – Isolaten

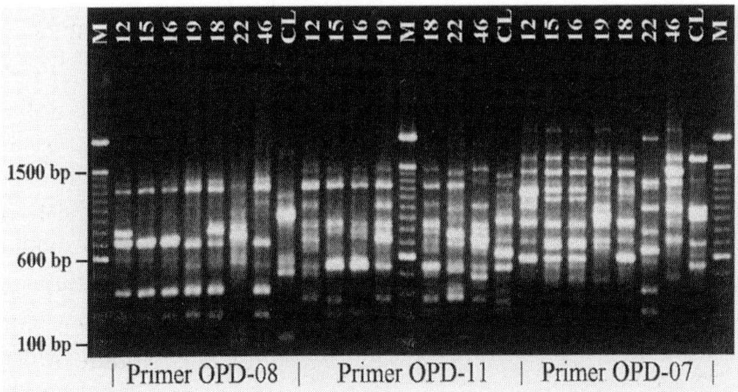

M = Marker, Kurzbezeichnungen der Hefepilze siehe Tab. 3.3, Seite 46.

Abb. 3.16: Identische RAPD–Muster von *Cryptococcus* – Isolaten drei Primern andere Bandenmuster. Nach klassischer Identifizierung war dieses Isolat als *C. curvatus* bestimmt worden.

Klare Übereinstimmungen zwischen dem *C. laurentii*–Referenzstamm (CL) (Abb. 3.15, Bahnen 4 und 17; Abb. 3.16, Bahnen 9,18 und 26) und einer der beiden Untergruppen, zu denen die Isolate (4, 17) bzw. (12,15,16,16,18,19,46) gehören, lassen sich nicht erkennen. Inwieweit es sich bei diesen beiden, untereinander gut übereinstimmenden Endophytengruppen wirklich um Unterarten von *Cryptococcus laurentii* handelt oder ob die nach klassischer Identifizierung vorgenommene Artenbestimmung korrekt war, ist aufgrund der molekularbiologischen Untersuchungen in Frage zu stellen. Möglicherweise handelt es sich um eigene, vielleicht noch nicht beschriebene Arten. Die mit der RAPD–Analyse dargestellten Unterschiede in der sechs Isolate umfassenden Gruppe würden dann gegebenenfalls Unterarten beschreiben.

Die Ergebnisse aus den vorangegangenen Kapiteln zur Identifizierung endophytischer Hefepilze sollen noch einmal kurz zusammengefaßt werden:

Bei den aus Weißklee isolierten Hefen handelte es sich ausnahmslos um Basidiomycetenhefen. Zur Identifizierung wurden neben morphologischen und physiologischen Merkmalen molekularbiologische Analysen durchgeführt. Nach klassischer Bestimmung wurden 44 von 54 Isolaten identifiziert, für die übrigen zehn war teilweise sogar die Gattungszugehörigkeit unsicher. Nach der Clusteranalyse mit PCR–RFLP–Daten konnten unter den Endophyten mehrere Gruppen beschrieben werden, die untereinander sehr ähnlich waren. Identifizierungen mit molekularbiologischen Daten allein waren nicht möglich. Sowohl bezüglich physiologischer Charakteristika als auch anhand von PCR–RFLP–Daten wurden unter den analysierten Referenzen derselben Art z. T. große Unterschiede aufgezeigt. Eindeutige Zuordnungen durch Vergleiche mit diesen Referenzstämmen waren daher für die Endophyten nicht gegeben. Grundlage für eine Kombination klassischer und molekularer Identifizierungsverfahren bildeten die Bestimmungen nach dem Yeast Identification Program (Barnett et al., 1990) und die Ergebnisse nach der PCR–RFLP–Analyse. Alle Endophyten wurden auf diese Weise jeweils einer Art, teilweise allerdings mit größeren intraspezifischen Heterogenitäten, zugeordnet. RAPD–Analysen ließen vermuten, daß einige der zunächst als innerartlich beschriebenen Unterschiede gegebenenfalls die Abgrenzung neuer Arten rechtfertigen würden.

3.4 Reinfektion

Neben der systematischen Einordnung der isolierten Endophyten sollte nachgewiesen werden, daß es sich um im Pflanzeninneren existierende Organismen handelt bzw. Hinweise zu ihrer Lokalisation gesammelt werden. Dazu wurde u. a. an axenisch angezogenen Pflanzen die Reinfektionsfähigkeit einiger Endophyten geprüft.

3.4.1 Axenische Kleepflanzen

Zur Anzucht axenischer Kleepflanzen wurden diese aus oberflächensterilisierten Samen angezogen. Unbehandeltes Saatgut von *Trifolium repens* keimte auf feuchtem Filterpapier zu 70 % aus. Oberflächenbehandlungen mit NaOCl (Kap. 2.2.2.1) beeinflußten die Keimrate unterschiedlich. Wurden die Kleesamen mit 15 % Bleichlauge für 30 Minuten behandelt, keimten nur noch 30 – 40 % aus. Wurden die Samen dagegen 60 Minuten in ebenfalls 15 % Lauge belassen, konnten mit 40 – 60 % deutlich mehr Samen zum Auskeimen gebracht werden. In SEM–Aufnahmen waren unterschiedlich starke Risse in der Samenschale sichtbar (Abb. 3.17). Während die Kotyledonen völlig aufgeplatzter Samen vermutlich durch die konzentrierte Lauge auch bei kürzeren Einwirkzeiten abgetötet wurden, könnte eine längere Oberflächenbehandlungen an intakten Samenschalen diese feinen Risse verursacht haben. Dadurch, daß der Keimling die Schale in solchen Fällen leichter aufbrechen konnte, hat dies die Keimförderung bewirkt.

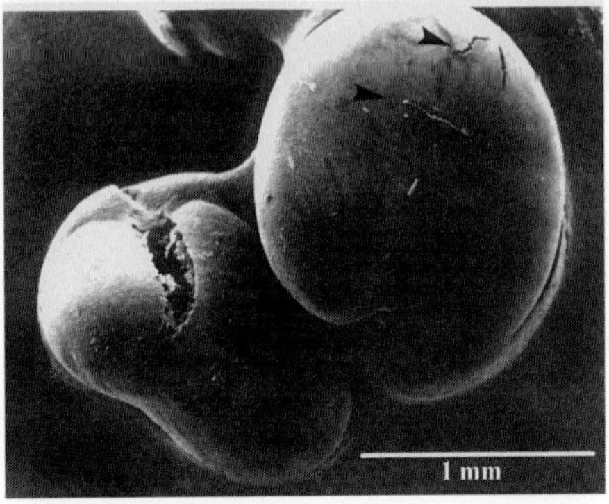

Nach 60 Minuten Einwirkung von 15 %iger Bleichlauge bei 20 kPa Unterdruck ist ein Same stark beschädigt, die andere Samenschale hat feinste Risse (Pfeile).

Abb. 3.17: Oberflächensterilisierter Kleesamen

Oberflächensterilisierte Samen wurden auf Weichagar ausgelegt, wo sie ein gut differenziertes Wurzelsystem entwickelten(Kap. 2.6.1). Die Pflänzchen wurden zwischen dem vierten und achten Tag im Keimblattstadium in die Anzuchttöpfe mit Lecaton plus Knop'scher Nährlösung gesetzt. Nach ca. 14 Tagen hatten die meisten Kleepflänzchen ihr erstes, ungefiedertes Sekundärblatt ausgebildet. Axenie wurde an mindestens drei Wochen alten Pflanzen überprüft. Die auf Nähragar ausgelegten Segmente zeigten kein Wachstum von Mikroorganismen, so daß die axenische Anzucht von Weißklee erfolgreich war.

3.4.2 Reisolierte Pilzstämme

Trotz massiven Besprühens axenisch angezogener Kleepflanzen mit Hefezellsuspensionen (Konzentrationen ca. 10^6 Zellen/ml) von *Cryptococcus laurentii* und *Rhodotorula minuta* konnten Hefezellen mikroskopisch weder nach fünf noch nach zwölf Tagen Inkubation in Atemhöhlen oder tieferen Schichten des

Blattes nachgewiesen werden. Jedoch wurden aus besprühten und später oberflächensterilisierten Pflanzen durch Auslegen von Blattstückchen auf Nähragar diese Hefepilze sehr häufig reisoliert.

Durch Auslegen von Blatt– und Stielsegmenten zwölf Tage nach Inokulation mit Sporensuspensionen waren Reisolierungen von *Acremonium kiliense*, *Colletotrichum trifolii*, *Fusarium tabacinum* und *Stemphylium vesicarium* erfolgreich. *Nodulisporium ochraceum* konnte nicht nachgewiesen werden (Kap. 2.6.2).

Durch das Übertragen kleiner Mycelstücke an den Wurzelhals der Kleepflanzen traten bereits zwei bis drei Wochen nach Inokulation mit dem als Endophyt isolierten Pilz *Leptosphaerulina trifolii* Schadsymptome (Nekrosen) an den Blättern auf. Mikroskopisch ließen sich Ascosporen nachweisen, welche offensichtlich wieder über Spaltöffnungen unbefallene Gebiete besiedelten (Abb. 3.1).

Inwieweit Wechselwirkungen von Endophyten und Pathogenen auf die Schadsymptomausbildung am Wirt Einfluß haben, wurde exemplarisch mit einem endophytischen Hefestamm und dem Blattfleckenerreger *Leptosphaerulina trifolii* getestet. Axenische Pflanzen wurden mit einer Hefezell–Suspension präinokuliert und sieben Tage später mit einem Mycel–Agar–Blöckchen von *L. trifolii* am Wurzelhals beimpft (Kap. 2.6.2). Die Ausbildung von Blattflecken verlief jedoch genau so schnell und ausgeprägt wie ohne Präinokulation. Die Hefe hatte unter Laborbedingungen somit keine sichtbar hemmenden Auswirkungen auf den Ascomyceten.

Bislang ist nicht bekannt, auf welchen Wegen Endophyten ins Innere der Pflanzen gelangen können oder wo genau sie sich aufhalten, solange ein Gleichgewicht zwischen den Symbiosepartnern besteht. Erfolgreiche Reisolierungen sind aber eine Bestätigung dafür, daß reinokulierte Endophyten inneres Pflanzengewebe besiedelt hatten.

3.5 Nachweis von Endophyten im Weißklee

Der Nachweis und die Lokalisierung von Pilzhyphen und Hefezellen innerhalb pflanzlichen Gewebes ist oft sehr schwierig, da endophytische Pilze in symptomfreien Pflanzen in sehr begrenzten Arealen vorkommen und z. T. nur ein– oder wenigzellig sind (Petrini, 1991). Über verschiedene Färbe– und Schnitttechniken sollten pilzliche Strukturen im Pflanzeninneren mikroskopisch nachgewiesen werden. Zusätzlich wurde das Vorkommen von Hefezellen in Apoplastenflüssigkeit geprüft.

3.5.1 Endophyten in Apoplastenflüssigkeit

Um festzustellen, ob Pilzzellen in den Interzellularen der Leitbündel von *Trifolium repens* vorkommen, wurde aus oberflächensterilisierten Blattstielen von Freilandpflanzen Apoplastenflüssigkeit mittels Zentrifugation gewonnen (Kap. 2.7.3) und auf Nähragar ausgespatelt. Auf den Nährböden ohne

Antibiotika–Zusatz konnten vereinzelt Bakterienkolonien detektiert werden, während sich auf dem Nähragar mit Antibiotika–Zusatz kein Wachstum zeigte. Für die getesteten Ansätze ist somit anzunehmen, daß Pilzsporen bzw. Hyphen – oder Hefezellen in den untersuchten Leitbündeln nicht sehr zahlreich vorkamen bzw. mit dieser Methode nicht extrahiert wurden.

3.5.2 Durchlichtmikroskopischer Nachweis

Obwohl sich aus mit endophytischen Hefezellen inokulierten Pflanzensegmenten diese auf Nähragar reisolieren ließen (Kap. 3.4.2), war eine mikroskopische Detektion der Hefen im Pflanzeninneren bei den ein bis zwei Wochen nach der Inokulation überprüften Ansätzen nicht erfolgreich. Die im folgenden Kapitel beschriebenen Analysen wie Färbungen, Epidermispräparartion oder Dünnschnitte wurden deswegen an natürlich infizierten Freilandpflanzen durchgeführt.

3.5.2.1 Anilinblaufärbung

Oberfächensterilisiertes Blattmaterial wurde in 10 %iger KOH–Lösung entfärbt und anschließend in milchsaurem Anilinblau (Kap. A.1.1.2) mikroskopiert. Durch diese direkte Mikroskopie konnten jedoch keine Mycelien nachgewiesen werden. Auch eine Zuordnung evtl. vorhandener Hefepilze war nicht zweifelsfrei möglich, da diese annährend dieselbe Größe hatten wie die ebenfalls anilingefärbten Chloroplasten der Wirtspflanze.

3.5.2.2 Epidermispräparation

Die Betrachtung der Klee–Epidermis als einzelne Schicht wurde durch die in Kap. 2.7.1 beschriebene Präparation ermöglicht. Die Blätter von *Trifolium repens* sind amphistomatisch, d. h. sie tragen sowohl ober – als auch unterseits Spaltöffnungen. Durch die Präparation wurden die unterschiedlichen Zellstrukturen der beiden Epidermisschichten besonders deutlich: Die obere Epidermis besteht aus eichenblattartig ineinander verzahnten Zellen, während die unteren Epidermiszellen annähernd bienenwabenförmig sind. Außerdem enthält die untere Epidermis eine größere Anzahl an Stomata. An unbehandelten Blättern konnten nach Färbung mit Trypanblau in Lactoglycerin vereinzelt außerhalb der Epidermis befindliche Hyphenstücke sichtbar gemacht werden. Auch in den Spaltöffnungen liegende Hefezellen wurden detektiert. Weder innerhalb der Epidermiszellen noch zwischen Epidermis und Mesophyll konnten jedoch pilzliche Strukturen mit diesem Verfahren nachgewiesen werden.

3.5.2.3 Gewebedünnschnitte

Am Gefriermikrotom wurden Querschnitte von Blatt – und Stielmaterial mit Schnittdicken zwischen 25 μm und 40 μm hergestellt. Allerdings erwies sich das krautige Material als sehr instabil, so daß es trotz Anwendung des Einbettmediums zu Quetschungen und Verschiebungen beim Schneiden kam.

Vorherige Gelatineeinbettung fixierter Pflanzenstücke (Kap. 2.7.2) bewirkte eine bessere Stabilisierung der Schnitte. Anschließende Färbungen mit Trypanblau bzw. dem Fluoreszenzfarbstoff Calcofluor führten bei den exemplarisch durchgeführten Schnitten zu keinem Nachweis endophytischer Pilze in den untersuchten Kleeblättern. Zur Kontrolle der Einbettungs– und Färbemethoden wurden mit Endophyten infizierte Blätter untersucht: In den z. T. stark durchwachsenen Blättern waren Mycel und/oder Konidienträger sichtbar, teilweise waren Pflanzenzellen kollabiert. Für genauere Beobachtungen wären jedoch Schnittdicken $< 25\,\mu$m wünschenswert, die sich am Gefriermikrotom mit den eingesetzten Verfahren nicht realisieren ließen.

3.5.3 Fluoreszenzmikroskopischer Nachweis

Verschiedenste Bearbeitungsschritte am Probenmaterial verändern den ursprünglichen Zustand. Wasch– und Färbevorgänge können anhaftende Mycelien verschieben oder entfernen, so daß im mikroskopischen Bild gegebenenfalls Artefakte beobachtet werden. Schnitttechniken wie z. B. die Gewebedünnschnitte haben möglicherweise zusätzlich lokale Verschiebungen endophytisch vorkommender Mikroorganismen bewirkt.

Daher wurde nach Methoden gesucht, die ohne Einsatz von Schnitttechniken das Auffinden von Endophyten im Inneren des Kleeblattes ermöglichen sollten. So wurde versucht, fluoreszenzgefärbte Hefezellen über den Transpirationsstrom in abgeschnittene Blätter axenisch angezogener Pflanzen einzubringen. Durch Lagerung natürlich infizierten Pflanzenmaterials in KOH–Lösung bot sich die Möglickkeit einer getrennten Bearbeitung von Teilen desselben Blattes: Die mikroskopische Suche nach Endophyten im Pflanzeninneren wurde bevorzugt mit Material durchgeführt, von dem durch Auslegen auf Nähragar sich bereits Endophyten isolieren ließen.

3.5.3.1 DAPI

Der Vitalfarbstoff DAPI (4,6-Diamidino-2-phenylindol) erwies sich aufgrund der gefärbten DNA als geeignet, Reinkulturen von Hefezellen sichtbar zu machen. Im Inneren vom Weißklee war die fluoreszierende Wirkung des Kernfarbstoffes allerdings neben der Eigenfluoreszens des Chlorophylls zu schwach, um Hefezellen lokalisieren zu können.

3.5.3.2 FDA

Auch der Farbstoff FDA (Fluoresceindiacetat) bewirkte bei Reinkulturen angewendet, eine deutlich sichtbare Fluoreszenz lebender Hefezellen, welche bis zu 20 Stunden anhielt. Ein Teil der gefärbten Zellen blieb lebensfähig, was durch Koloniewachstum auf Nähragar nachgewiesen werden konnte.

Ob FDA–gefärbte Zellen über den Transpirationsstrom der Wirtspflanze transportiert werden (Kap. 2.7.4.3) konnte nicht abschließend geklärt werden. Die Eigenfluoreszenz des Chlorophylls und die zeitliche Abnahme der Fluoreszenzwirkung erschwerten eine entsprechende Entscheidung. Ein Transport FDA–gefärbter Zellen innerhalb der Leitbündel ist zwar nicht beobachtet worden, kann aber auch nicht ausgeschlossen werden.

3.5.3.3 Basisches Anilinblau

Um die Eigenfluoreszenz des Chlorophylls zu mindern, wurde oberflächensterilisiertes Pflanzenmaterial aufgehellt (Kap. 2.7.4.4). Es zeigte sich jedoch, daß durch Autoklavieren das Pflanzenmaterial äußerst instabil geworden war. Zur Präparatherstellung mußte ein Objektträger in das Wasser getaucht und das Blattstück mit einer Pinzette vorsichtig darauf geschoben werden. Nach Ablaufen überschüssigen Wassers und Färben mit einigen Tropfen gepufferter Anilinblau-Lösung (Kap. A.1.1.2) ließen sich die natürlichen Zellanordnungen im mikroskopischen Bild nicht mehr erkennen. Eine Lokalisierung gegebenenfalls vorhandener endophytischer Pilze war somit unmöglich geworden.

Weitaus schonender war das Einwirkenlassen der Lauge über einen möglichst langen Zeitraum, wie auch von Stierl (pers. Mitteilung, Inst. f. Pflanzenkrankheiten, Universität Bonn) empfohlen.

Mit Abb. 3.18 wird zu Vergleichszwecken die Eignung des Färbeverfahrens zur Darstellung pilzlicher Strukturen an einer Reinkultur von Hefezellen demonstriert.

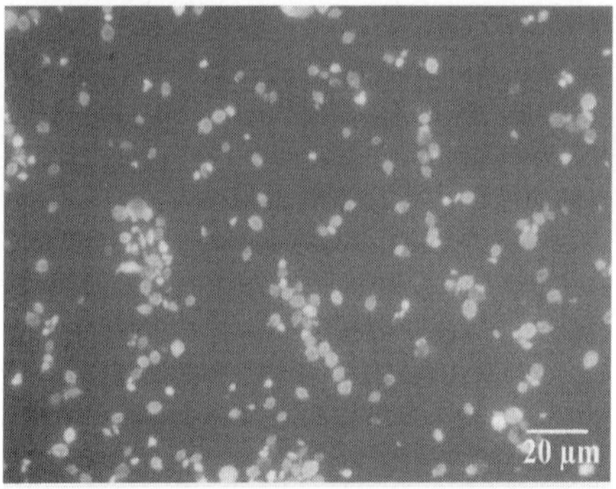

Färbung nach Hood & Shew (1996) mit KOH–Vorbehandlung in basischem Anilinblau. Die Hefezellen fluoreszieren hellgrün (Blauviolett–Anregung, 460–470 nm).

Abb. 3.18: Fluoreszenzgefärbte Hefezellen–Reinkultur

Freilandpflanzen waren, wie im Kap. 2.2.2.1 beschrieben, oberflächensterilisiert worden und wurden anschließend in KOH–Lauge mehrere Monate aufbewahrt. Nach der Fluoreszenzfärbung sind außen am Blattmaterial noch haftende pilzliche Strukturen gut zu erkennen (Abb. 3.19).

Um die Wahrscheinlichkeit für eine erfolgreiche Suche nach Pilzen im Inneren des Pflanzenmaterials zu erhöhen, waren bereits nach der Oberflächensterilisation einzelne Blattfiedern so aufgeteilt worden, daß eine Hälfte auf

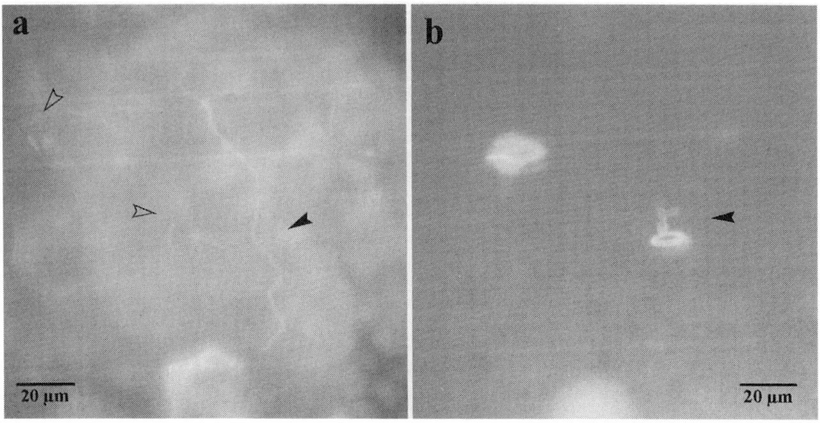

Abb. 3.19: Pilzliche Strukturen auf Weißkleeoberfläche
Färbung nach Hood & Shew (1996), Blauviolett–Anregung (460–470 nm).
a) Mycel (schwarzer Pfeil) und auskeimende Sporen (Pfeile, hell) fluoreszieren hellgrün.
b) Eine Hefezelle mit zwei Tochterzellen vor einer Spaltöffnung (Pfeil).

Nähragar ausgelegt, die andere Hälfte in KOH überführt worden war. Auf dem Agar konnte über einen ausreichend langen Zeitraum das Vorkommen endophytischer Pilze nachgewiesen und dokumentiert werden. Für spätere mikroskopische Analysen wurden dann bevorzugt diejenigen in KOH aufgehellten Pflanzensegmente verwendet, für deren Pendants auf Agar bereits Mikroorganismenbesiedelung nachgewiesen worden war.

Nach dem Färben mit basischem Anilinblau fluoreszierten die meisten pflanzlichen Zellen bei Blauviolett–Anregung (460–470 nm) rot bis rot-orange. Besonders stark lichtbrechend erschienen die Leitbündel des Klees in einem kräftigen gelb/grün: Je nach Fokussierebene waren einzelne Tracheen und Tracheiden bzw. Kristalle sichtbar. Die unterschiedlichen Formen der Epidermiszellen (Eichenblatt– und Bienenwabenstruktur, Kap. 3.5.2.2) waren hilfreich für die Orientierung beim Fokussieren durch das gesamte Blatt hindurch von der oberen zur unteren Epidermis und umgekehrt. Außen am Blatt haftende pilzliche Strukturen wie auskeimende Sporen, Hyphenstücke oder Hefezellen, z. T. mit Knospen, konnten aufgrund einer deutlich grünen Fluoreszenz erkannt werden (Abb. 3.19). Weiter innen im Blatt wurden mehrfach in Zellzwischenräumen Hefezellen detektiert, die ebenfalls grün fluoreszierten (Abb. 3.20 und 3.21). Mycel bzw. Hyphenstücke wurden im Inneren von symptomlosem Weißklee nicht nachgewiesen.

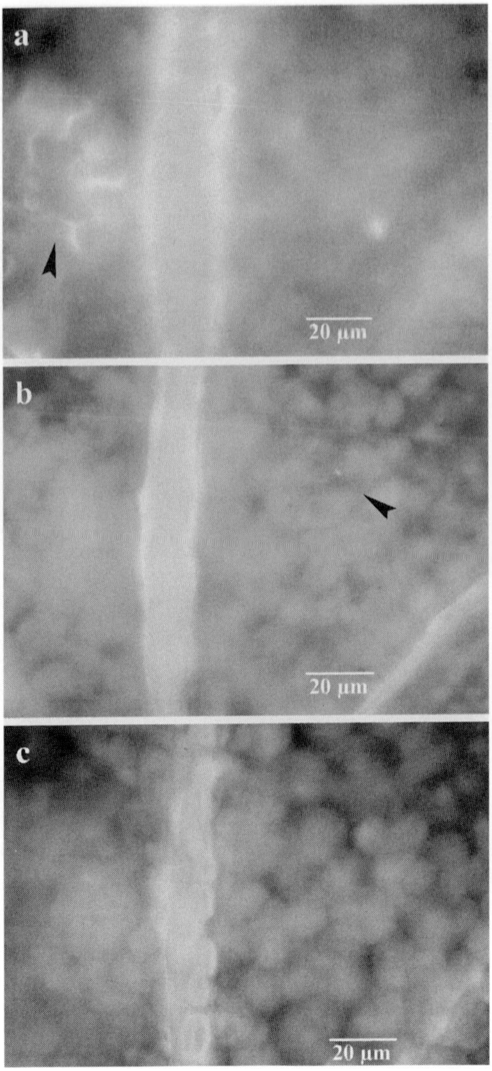

a) Die Eichenblattform einer Epidermiszelle ist in der Fokussierebene sichtbar (Pfeil).

b) Eine hellgrün fluoreszierende Hefezelle liegt im Interzellularraum (Pfeil), rot fluoreszierende Mesophyllzellen sind im Hintergrund zu erkennen.

c) In einer tieferen Ebene des Blattes ist die Hefezelle (Abb. b) nicht mehr zu erkennen, im Leitbündel sind Kristalle zu sehen.

Abb. 3.20: Hefezelle im Interzelluarraum von *Trifolium repens*

Färbung nach Hood & Shew (1996), Blauviolett–Anregung, 460–470 nm. Epidermiszellen und Mesophyllzellen fluoreszieren rötlich, Leitbündel hellgrün. Die Abbildungen a) bis c) zeigen drei verschiedene Fokussierebenen desselben Bildausschnittes (rote Linie in Querschnittgrafiken eines Blattes).

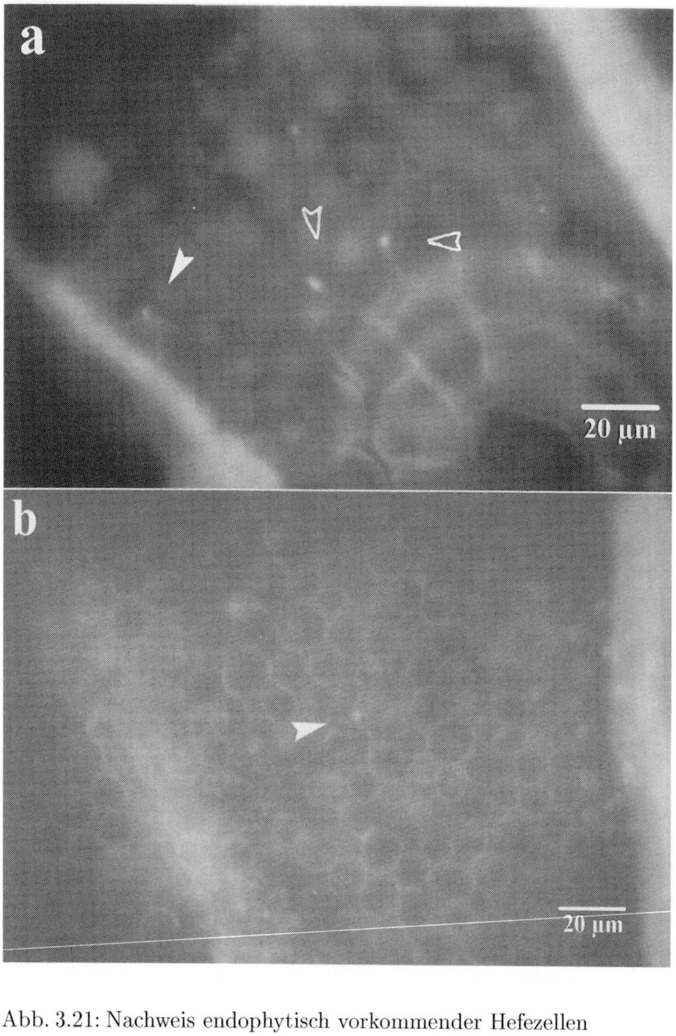

Abb. 3.21: Nachweis endophytisch vorkommender Hefezellen

Färbung nach Hood & Shew (1996), Blauviolett–Anregung, 460–470 nm. Mesophyllzellen fluoreszieren rötlich.

a) Eine hellgrün fluoreszierende Hefezelle liegt gut sichtbar im Interzellularraum (weißer Pfeil). Zwei weitere Zellen erscheinen hellorange, da sie von Pflanzenzellen überdeckt werden (Pfeile).

b) Die Zellwände des Schwammparenchyms in der Schärfenebene fluoreszieren hellgrün. Im Interzellularraum liegt eine ebenfalls hellgrün fluoreszierende Hefezelle (Pfeil).

Mit der KOH–Vorbehandlung und anschließender Färbung in gepuffertem Anilinblau konnten erstmals endophytisch lebende Hefezellen im Inneren von *Trifolium repens* nachgewiesen werden. Zum einen wird hiermit die Fähigkeit der Pilzzellen belegt, innerhalb von Pflanzengewebe existieren zu können. Andererseits wird deutlich, daß es sich bei den hefig wachsenden endophytischen Isolaten keineswegs um Kontaminanten handelt. Da in den Weißkleeblättern keine Mycelien detektiert werden konnten, ließe sich sogar vermuten, daß zum Dimorphismus befähigte Pilze im Inneren von pflanzlichem Gewebe ausschließlich in ihrer Hefeform vorkommen bzw. daß Weißklee einen Nichtwirt für bestimmte Pathogene darstellt, die somit kein Mycel sondern nur Hefen ausbilden.

4 Diskussion

Viele Vertreter der Fabaceae enthalten Sekundärstoffe wie Alkaloide, Flavonoide, Phytoalexine oder cyanogene Glycoside, die pathogenabwehrend wirken (Wink, 1993; Hegenauer & Hegenauer, 1996). Mit den Untersuchungen an *Trifolium repens* konnte für die wichtigste Leguminose des Dauergrünlandes dennoch eine Vielfalt von über 50 verschiedenen, isolierbaren, endophytischen Pilzen nachgewiesen werden. Dabei wurde für Hefepilze ein Anteil von etwa 20 % aller isolierten Endophyten bestimmt. Die Identifizierung der Isolate und die Ähnlichkeitsanalysen der Hefen bildeten Untersuchungsschwerpunkte, da über diese Organismengruppe als Endosymbionten in Pflanzen bisher wenig bekannt ist.

Für die relativ kleine, schnell wachsende Pflanze Weißklee gelang die axenische Anzucht in Töpfen, eine wichtige Voraussetzung für die Durchführung von Reinfektionen im Labor. Mittels Fluoreszenzmikroskopie konnten pilzliche Zellen im Inneren von Pflanzengewebe erfolgreich lokalisiert werden.

4.1 Zur Isolierbarkeit von Endophyten

Das Isolieren und Anlegen von Reinkulturen stellt gerade für endophytische Mycelpilze ein häufig angewendetes Verfahren dar, um durch Vergleiche mit bereits beschriebenen Saprophyten oder Pathogenen etwas über die systematische Einordnung zu erfahren. Gleichwohl ist das Isolieren auf Nähragar eine indirekte Methode zur Erfassung von Mikroorganismen und kann daher kein quantitatives Verfahren sein. Das vorgegebene Nährstoffangebot und die Wachstumseigenschaften haben bereits entscheidenden Einfluß auf das erfaßte/erfaßbare Gesamtspektrum verschiedener Organismen (Andrews & Kenerley, 1978). Bills & Polishook (1991) wiesen z. B. aus der Rinde von *Carpinus caroliniana* je nach angebotenem Medium unterschiedliche Zusammensetzungen des Endophytenspektrums nach. Bei dem häufig verwendeten und auch in der vorliegenden Studie eingesetzten ME–Agar handelt es sich zwar um ein Vollmedium, trotzdem sind sicherlich einige Pilze nicht darauf gewachsen (Petrini, 1986).

Auch verdrängen oder überwachsen schnell wachsende Mycelien langsam wachsende, so daß diese dann nicht mehr vereinzelt werden können (Dickinson, 1971). In der vorliegenden Untersuchung wurden Pflanzensegmente, die noch keine pilzliche Besiedelung zeigten, auf neuen Nähragar übertragen, sobald sich an einem in derselben Petrischale befindlichen Pflanzenstück schnell wachsendes Mycel erkennen ließ.

Ansprüche wie Wachstumseigenschaften oder Kultivierungsbedingungen sind für viele Mikroorganismen nicht bekannt oder können *in vitro* nicht geschaffen werden, wie z. B. für obligat biotrophe Pilze. Durch Isoliermethoden wird dann gegebenenfalls nur ein kleiner Teil der im Pflanzenmaterial existierenden Pilze erfaßt. Literaturangaben zufolge geht man davon aus, daß etwa 70000 – 100000 Arten unter den Zygo–, Asco– und Basidiomyceten bzw. den Deuteromyceten beschrieben sind, nach anderen Hochrechnungen sollen sogar 1,5 Millionen existieren (Müller & Loeffler, 1982; Margulis & Schwartz, 1989; Hawksworth, 1991). Daraus wäre zu schließen, daß wir nur ca. 5 % aller existierenden Pize kennen, was sicherlich darin begründet ist, daß viele Pilze nicht auf künstlichem Nähragar kultivierbar sind, aber auch, daß viele Habitate noch gar nicht untersucht sind (Kendrick, 1987). In einer Arbeit zur Diversität mariner Bakterien zeigten Suzuki et al. (1997) durch Vergleiche mit SSU rRNA–Sequenzdaten, daß sich nur etwa 0,003 % aller heterotrophen Bakterien der analysierten Probe auf speziellem Nähragar für marine Mikroorganismen kultivieren ließen.

Das Spektrum isolierbarer Endophyten wurde für die Wirtspflanze *Trifolium repens* mit mehr als 50 Pilzarten angeben. Dabei ist zu bedenken, daß nur diejenigen erfaßt wurden, die unter den vorgegebenen Bedingungen wie ME–Agar und Raumtemperatur aus den Pflanzensegmenten ausgewachsen sind. Daß diese Kultivierungsbedingungen für einige Pilze nicht optimal waren, läßt sich auch daraus ableiten, daß sich sowohl von einzelnen Mycel – als auch von Hefepilzen keine Subkulturen mehr anlegen ließen.

Durch Abtrennen von Blättern und Stielen wurde das Gleichgewicht zwischen Wirt und Pilz für die Pflanze extrem gestört. Darin befindliche Pilze konnten jedoch nur auswachsen, wenn die Pflanzenzellen nicht zu schnell abstarben bzw. es die Pilze schafften, zeitig genug vom biotrophen Ruhestadium auf saprophytisches Wachstum umzuschalten. In der vorliegenden Untersuchung konnten Endophyten über einen Zeitraum von zwei, in Einzelfällen sogar bis zu drei Monaten aus dem ausgelegten Pflanzenmaterial isoliert werden. Aus den wenigen, vorzeitig verbräunten Segmenten wurden keine Endophyten isoliert. Es kann daher davon ausgegangen werden, daß zumindest kein zeitlicher Druck/Streß vorlag, der ein Auswachsen der Pilzisolate verhindert hätte. An befallenen Freilandpflanzen konnten biotrophe Pilze wie *Uromyces trifolii* und ein Mehltau, welcher nicht näher identifiziert wurde, bonitiert werden, die im Spektrum der Endophyten fehlen. Ein Hinweis also, daß nicht alle tatsächlich in der Pflanze existierenden Pilze durch Isolieren erfaßt werden können.

Neben der erläuterten Problematik zur Kultivierung von Mikroorganismen auf künstlichen Nährmedien ist bei der Isolierung von Endophyten zu beachten, daß Pflanzenoberflächen sterilisiert werden. Man kann nicht sicher sein, daß durch das Einwirken von Sterilisationsmitteln nicht auch Endophyten abgetötet wurden, die sich in der Epidermis befanden. Andererseits sind Pilze, die die Sterilisation gegebenenfalls im Schutz von Spaltöffnungen überlebt haben, nach der hier beschriebenen Methode als Endophyten zu werten: Das Gewebe aus dem sie isoliert wurden, zeigte zum Zeitpunkt der Probennahme keine Schadsymptome, Abdrücke bestätigten, daß sie nicht außen anhafteten.

Will man das Spektrum endophytischer Pilze einer Wirtspflanzenart erfassen, so sind neben der Auswahl von Pflanzenart und den tatsächlich untersuchten Individuen weitere Parameter zu berücksichtigen, die entscheidenden Einfluß auf die Anzahl isolierbarer Pilze haben können. So wird in der Literatur auf standortbedingte Faktoren wie geographische Lage, Klima, Umwelteinflüsse, Exposition, Bestandszusammensetzung, aber auch auf jahreszeitliche Schwankungen hingewiesen (Kap. 1.1).

Bei der indirekten Erfassung durch Auslegen von Pflanzensegmenten auf Nähragar werden häufig, so auch in der vorliegenden Untersuchung, Mehrfachinfektionen nachgewiesen. Daß dabei auch die Wechselwirkungen der Endophyten innerhalb der Pflanzen das Spektrum isolierbarer Organismen beeinflussen können, sollen die folgenden Beispiele verdeutlichen. Aus zermahlenen Maiskörnern wurden größtenteils Hefen der Gattung *Candida* nachgewiesen. Die Autoren fanden aber auch Killertoxine, die einige der repräsentativen Isolate töten konnten (Nout et al., 1997). Auf eine induzierte Resistenz in Pflanzen weist Clay (1989) hin, wonach bereits von einem Pilz infizierte Pflanzen von anderen Pilzen nicht mehr besiedelt werden können. Zudem können epiphytische oder nicht kompatible pathogene Pilze das Besiedelungspotential aktiv beeinträchtigen und sich so ebenfalls auf das Endophytenspektrum auswirken.

Zusätzlich ist bei der Spektrenaufnahme darauf zu achten, daß stets frisches Pflanzenmaterial aufgearbeitet wird. Möller (1994) fand für sechs untersuchte Pflanzen, daß aus frisch aufgearbeitetem Material Endophyten aus allen sechs Pflanzen isoliert werden konnten. Nach Trocknung und dreiwöchiger Lagerung von Aliquots dieser Pflanzen ließen sich aus drei der sechs untersuchten Pflanzen keine Pilze mehr nachweisen. Auch die Anzahl isolierter Arten war nach der Trocknung deutlich reduziert. Für die Untersuchungen an *Trifolium repens* wurden sämtliche Pflanzen innerhalb weniger Stunden nach der Probennahme verarbeitet. Außerdem sind sowohl im Frühjahr als auch im Sommer und Herbst an insgesamt sechs verschiedenen Standorten Proben genommen worden, so daß den Jahreszeiten oder Standortfaktoren bei der Erfassung des Gesamtspektrums pilzlicher Endophyten nur eine geringe Bedeutung beigemessen werden muß.

Ein Nachweis von tatsächlich im Inneren von Pflanzengewebe existierenden Endophyten läßt sich mit Methoden, wie sie zur Erfassung von Pathogenen eingesetzt werden, z. B. durch Erstellen von Abdrücken auf Nähragar, Einsatz von Sporenfallen oder Ausplattieren von Waschwasser, allerdings nicht erbringen. Zur Erfassung anhaftender Epiphyten können Licht– oder Sekundärelektronenmikroskopie eingesetzt werden. Um Endophyten zu detektieren, sind jedoch oft aufwendigere Verfahren wie spezielle Färbungen (Cabral et al., 1993; Hood &Shew, 1996), immuncytochemische Markierungen (Suske, 1990) oder transmissionselektronenmikroskopische Untersuchungen (Viret & Petrini, 1994) notwendig. Der Grad der Besiedelung einer Pflanze mit Endophyten kann jedoch auch durch diese direkten Nachweismethoden nur geschätzt werden, insbesondere wenn einzelne Pflanzen bzw. Teile davon untersucht wurden (Johnsonn & Whitney, 1989; McCutcheon et al., 1993; Wilson & Carroll, 1994). Quantitative Auswertungen zur Endophyten–Besiedelung von Weißklee wurden in der vorliegenden Studie nicht vorgenommen, da sich mit der eingesetzten Fluoreszenzmikroskopie in den untersuchten Pflanzen Endophyten nur sehr vereinzelt lokalisieren ließen.

Bei aller Spekulation um die Differenz zwischen tatsächlich vorhandenen und kultivierbaren Endophyten sollte man aber auch bedenken, daß Hochrechnungen zur genetischen Variabilität nach molekularbiologischen Untersuchungen (Hämmerli et al., 1992; McCutcheon et al., 1993) die Existenz einer Vielfalt aufzeigen, die durch die Anzahl klassisch identifizierter Arten nicht annähernd erreicht wird. Diese Tendenz konnte mit den vorliegenden Ergebnissen zur Identifizierung der endophytischen Hefepilze bestätigt werden. Während nach morpho– und physiologischen Merkmalen die Vertreter der Gattung *Cryptococcus* drei Arten zuzuordnen sind, lassen PCR–Analysen erkennen, daß hier verschiedene Unterarten und gegebenenfalls neue Arten vorliegen.

4.2 Identifizieren von Endophyten und ihre Rolle im Wirt

In der biologischen Systematik versteht man unter Identifizierung die Bestimmung der Artzugehörigkeit (Kajan, 1988). Identifizieren mit gängigen Bestimmungsschlüsseln bedeutet allerdings häufig 'Wiedererkennen' von bereits bekanntem und setzt umfassende Kenntnisse voraus (Schlegel, 1985). Sollen jedoch Stämme aus bisher nicht untersuchten geographischen Regionen, aus extremen Standorten oder aus speziellen ökologischen Nischen, wie sie z. B. Endophyten besetzen, identifiziert werden, so ist die Wahrscheinlichkeit relativ hoch, daß einige der Isolate bisher nicht beschrieben wurden. Einzelne Organismen haben sich durch Anpassungen an den speziellen Lebensraum gegebenenfalls so sehr verändert, daß Artabgrenzungen und Neubeschreibungen gerechtfertigt sind. In den letzten Jahren wurden z. B. mehrere Pilzarten als Endophyten isoliert und neu beschrieben: Aus Blättern von *Prunus lusitiana* wurde *Dactylaria endophytica* isoliert (Wu et al., 1996), aus *Quercus emoryi*–Blättern *Ophiognomonia cryptica* (Wilson et al., 1997) bzw. von *Betula pendula*–Zweigen *Prosthemium asterosporum* (Kowalski & Holdenrieder, 1996). Der Zygomycet *Rhizomucor endophyticus* konnte aus verschiedenen höheren Pflanzen isoliert werden (Yong & Hong, 1995). Okane et al. (1996) wiesen in drei verschiedenen Rhododendronarten *Discostroma tricellulare* nach und *Mycena anoectochila* wurde als neuer endophytischer Basidiomycet aus verschiedenen tropischen Orchideenwurzeln beschrieben (Guo et al., 1997).

4.2.1 Epiphyt, Pathogen, Endophyt?

Manche der aus Freilandpflanzen von *Trifolium repens* isolierten Pilzarten wuchsen ausschließlich aus oberflächensterilisierten Wirtssegmenten aus (Kap. 3.3.1). Arten von *Alternaria, Aureobasidium, Botrytis, Cladosporium, Fusarium, Penicillium, Phoma* und verschiedene Hefepilze wurden sowohl von

Abdrücken unbehandelter Pflanzenoberflächen als auch als Endophyten isoliert. Werden nach einer Oberflächensterilisation andere Arten isoliert als beim Abdruck der unbehandelten Oberflächen, so erhöht dies die Wahrscheinlichkeit, daß es sich zum Zeitpunkt der Isolierung um endophytisch lebende Organismen handelte.

Mehrfach ist in der Literatur beschrieben worden, daß aus gesund aussehenden Pflanzen sowohl saprophytische als auch pathogene Pilzarten isoliert werden können (Petrini, 1986; Fisher et al., 1992; Cabral et al., 1993; Schulz et al., 1993; Schulz et al., 1998). Die Pflanze–Pilz–Interaktionen, d. h. unter Umständen auch der pathogene Charakter eines Pilzes, werden neben den beiden Partnerindividuen und ihrer Disposition zusätzlich stark von ökologischen Faktoren wie Klima, Bestandszusammensetzung oder durch verschiedene Umwelteinflüsse bestimmt (Kap. 1.1). Auch Mutationen können sich auf die Pathogenität einer Pilzart auswirken: Freeman & Rodriguez (1993) beobachteten, daß ein mutierter Stamm von *Colletotrichum magna* in Sämlingen von Wassermelonen systemisch als nichtpathogener Endophyt wuchs, während der Wildtyp entsprechende Sämlinge nach einer Woche abtötete. Viele der aus Weißklee isolierten Mycelpilze z. B. *Acremonium, Alternaria, Epicoccum, Nodulisporium* kennt man als ubiquitäre Saprophyten, andere wie *Cladosporium, Colletotrichum, Fusarium, Phoma* werden als Schwächeparasiten eingestuft (Ellis & Ellis, 1997). Der 'Grauschimmel' *Botrytis cinerea* befällt verschiedene Pflanzen. Er kann jedoch eine sehr lange Latenzphase haben und bis zu drei Monaten in abgetrennten Blättern überdauern (Boyle & Friedrich, 1998).

Die angeführten Beispiele zeigen, daß es sich bei pilzlichen „Endophyten" keinesfalls um eine taxonomische Einheit handelt. Verschiedenste Gattungen und Arten können Endophyten sein, der Begriff gibt lediglich Auskunft über ihre Lokalisation. Nach Petrinis Definition (1991) ist allen gemeinsam, ständig oder zeitweise inneres Pflanzengewebe besiedeln zu können, ohne Krankheitssymptome zu verursachen. Dabei kann es sich auch um die Ruhestadium eines latenten Pathogens handeln (Williamson, 1994). Das Zusammenleben von Wirt und Endophyt ist als balancierter Antagonismus anzusehen, zumal von außen betrachtet keine Aussagen über metabolische Interaktionen getroffen werden können (Schulz et al., 1998). Allein durch Angabe eines Artnamens läßt sich also weder auf die Lokalisierung am oder im Wirt schließen, noch können Aussagen über den mutualistischen oder pathogenen Charakter eines Pilzes getroffen werden.

4.2.2 Mycelpilze

Die in der vorliegenden Studie aus *Trifolium repens* isolierten Mycelpilze wurden, soweit sie in Kultur sporulierten, alle den Asco– und Deuteromyceten zugeordnet. Diese taxonomische Einteilung ist bereits für viele Endophyten aus krautigen Pflanzen wie Ericaceen (Petrini, 1985), Lamiaceen oder Rosaceen (Schulz et al., 1993) und Fabaceen (Balster, 1994) bzw. aus *Cirsium arvense* und *Hordeum vulgare* (Schulz et al., 1998) bestätigt worden .

Aus Weißklee wurden als endophytische Pilze die Deuteromyceten *Colletotrichum truncatum/C. trifolii* (8 %) und der Ascomycet *Leptosphaerulina trifolii* (30 %) besonders häufig isoliert. Beide Pilzgattungen werden in der Literatur als Pathogene an Klee beschrieben.

Lenné (1992) nennt neun *Colletotrichum*–Arten, die Leguminosen in tropischen und gemäßigten Regionen befallen. Sie greifen alle Teile der Pflanze an, verursachen Anthracnosen, Blatt– oder Stielflecken und Aufhellungen, Kronen– und Wurzelfäule oder schädigen die Samen. Im Weideland werden insbesondere von *C. trifolii* an *Medicago* oder *Trifolium* Blatt–, Stiel– und Kronenanthracnosen hervorgerufen. Die Symptome an den Blättern reichen von kleinen schwarzen Punkten bis hin zu großflächigen braunen Flecken. Am Stiel erscheinen die Läsionen dunkel und ausgedehnt, häufig führen sie zu Stengelbruch oder bewirken Spitzensterben. Die Anthracnosen vermindern somit die Widerstandsfähigkeit der einzelnen Pflanzen und dünnen den Bestand aus. Zwei weitere Arten, *C. destructivum* und *C. truncatum*, gelten als Schwächeparasiten an Luzerne und Klee (Graham et al., 1976).

In der vorliegenden Studie waren Reinfektionen mit einem als Endophyten isolierten Stamm von *Colletotrichum trifolii* an axenischen Kleepflanzen erfolgreich. Makroskopisch sichtbare Schadsymptome wurden in dem Beobachtungszeitraum von vier Wochen jedoch nicht an den infizierten Pflanzen nachgewiesen.

Die weite Verbreitung von *Colletotrichum* erklärt Lenné (1992) mit einer Samenbürtigkeit für alle Arten, die Leguminosen befallen. Ob dies auch für die analysierten Probenstandorte zutraf, kann mit den vorliegenden Ergebnissen weder bestätigt noch abgelehnt werden, zur Endophytenisolierung war ausschließlich Blatt– und Stielmaterial von Freilandpflanzen untersucht worden. Da es gelang, axenische Pflanzen anzuziehen, war zumindest das hierfür verwendete Saatgut (Kap. 2.2.2.1) nicht von Vertretern der Gattung *Colletotrichum* besiedelt.

Leptosphaerulina trifolii wird bei Rot– und Weißklee als Blattfleckenerreger beschrieben, dessen Symptome zunächst als kleine braune Punkte sichtbar werden, die sich häufig zu größeren blaßen Flächen ausdehnen (Brandenburger, 1985; Ellis & Ellis, 1997). Der pathogene Charakter dieses als Endophyt isolierten Pilzes konnte in der vorliegenden Untersuchung mit Reinfektionsversuchen an axenischen Wirten bestätigt werden, die zu Nekrosen führten. Auch an den Probenstandorten konnten zum Ende der Vegetationszeit sehr häufig entsprechende Blattflecken detektiert werden. Nach den vorliegenden Erkenntnissen ist damit *L. trifolii* als Schwächeparasit an *Trifolium repens* einzustufen, der bereits in der gesunden Pflanze endophytisch existiert. Das Zusammenleben von Wirt und Pilz entspricht einem balancierten Antagonismus (Schulz et al., 1998). Sobald der Wirt geschwächt wird, kann der Pilz sich ausdehnen, was zur Ausbildung von Schadsymptomen führt. Eine Verschiebung des Gleichgewichtes zugunsten des pilzlichen Partners wurde bei der Isolierung durch Abtrennen einzelner Pflanzensegmente ausgelöst. Bei der axenischen Anzucht bewirkten Kunstlicht und die hohe Luftfeuchte in den geschlossenen Töpfen

(Kap. 2.6.1) Streß für den Weißklee (Kessler, 1987), so daß es durch Reinfektionen mit *L. trifolii* hier ebenfalls zu Schadsymptomen kam. Am natürlichen Standort ermöglichte erst die eintretende Seneszenz des Wirtes es dem Pilz Nektrosen auszubilden, was mehrfach beobachtet wurde.

4.2.3 Hefepilze

Bei der Suche nach dem natürlichen Vorkommen von Hefen findet man Hinweise zu ihrer weltweiten Verbreitung auf terrestrischen und marinen Standorten (Phaff & Starmer, 1987; Hagler & Ahearn, 1987). Christiansen & Stenderup (1981) sehen als natürliches Habitat für Hefen pflanzliches Material wie Blüten, Blätter oder Baumexudate an, wobei die Hefen durch Luft oder Insekten transportiert werden. Unter den Ascomycotina sind in der Familie der Saccharomycetaceae neben einigen spezialisierten Parasiten wie *Endomycopsis scolyti* auf Koniferen oder *Nadsonia fulveszens* im Schleimfluß von Bäumen, die sogenannten Zuckerpilze wie *Saccharomyces* oder *Schizosaccharomyces* wegen ihrer Gärfähigkeit weitaus bekannter (Müller & Loeffler, 1982; Webster, 1983). Sie lassen sich regelmäßig von reifen Früchten isolieren.

Hefeartige Pilze kommen sowohl bei den Zygomycetes, Ascomycotina, Basidiomycotina und Deuteromycotina vor und stellen häufig nur eine bestimmte Lebensform dar. Dabei können Veränderungen der Kulturbedingungen einen Wechsel zwischen Mycel– und Hefephase auslösen. Dieser 'umweltbedingte Dimorphismus' beinhaltet keinen Wechsel der Kernphase und ist reversibel (Weber, 1993). Dagegen spricht man von einem 'ontogenetisch fixierten Dimorphismus', wenn die Änderung der Wuchsform an einen Kernphasenwechsel gekoppelt ist, wie dies z. B. bei vielen Heterobasidiomyceten der Fall ist.

Oberwinkler (1978) teilte die Basidiomyceten in Homo– und Heterobasidiomyceten auf, wobei es sich bei ersteren um diejenigen handelt, deren Sporen ausschließlich mit Mycel auskeimen, während Heterobasidiomyceten sowohl eine Hefe– als auch eine Mycelform haben können. So weißt man, daß die saprophytisch auf Holz vorkommenden Vertreter der Tremellales und Dacrymycetales in Kultur hefig wachsen. Auch Brandpilze (Ustilaginales) durchlaufen eine Hefenphase, in der sie saprophytisch wachsen können. Treffen zwei Sporidien unterschiedlichen Kreuzungstyps aufeinander, können sie ein dikaryotisches Mycel ausbilden, welches infektiös ist (Webster, 1983). Bei den basidiomycetenähnlichen Hefen wie *Cryptococcus*, *Rhodotorula* oder *Sporobolomyces* handelt es sich um imperfekte, haploide Stadien heterothallischer Pilze. Sie lassen sich von Pflanzen, aus Meerwasser, Luft oder Boden isolieren (di Menna, 1959; Fokkema, 1981; Müller & Loeffler, 1982; Dickinson, 1986; Kreger-van Rij, 1987; Phaff & Starmer 1987; Hagler & Ahearn, 1987).

Viele Untersuchungen sind an Blattoberflächen durchgeführt worden. Dickinson (1971) erwähnt, daß bereits 1910 von Potter die Abdrucktechnik zum Nachweis von Bakterien und Pilzen auf *Solanum* und *Helianthus* eingesetzt wurde. Bei Untersuchungen zur Häufigkeit von Hefepopulationen fanden Pennycook & Newhook (1981) Hefen auf Blattunterseiten doppelt so häufig wie auf Oberseiten, wobei auf wachsenden Blättern sehr viel weniger Hefen nachgewiesen wurden als an ausgewachsenen. Dieser Befund stimmt gut mit Beobachtungen von Fokkema et al. (1979) überein, die an Weizen feststellten, daß neue Blätter zunächst fast unbesiedelt waren. Starker Blattlausbefall bewirkte dagegen eine Hefenvermehrung, da Honigtau als exogene Kohlenstoffquelle genutzt wurde. Gut untersucht sind epiphytische Hefen, welche als Konkurrenten phytopathogener Pilze an verschiedenen Kulturpflanzen wirksam sein können (Smolka, 1992). So beobachtete die Autorin, daß der Samtfleckenerreger *Cladosporium fulvum* durch epiphytische Hefen gehemmt wurde. Dik et al. (1992) fassen zusammen, daß die Fähigkeit von Hefen unter verschiedenen Klimabedingungen unterschiedliche Nährstoffe verwerten zu können, zu wachsen und sich zu vermehren, zeige, daß sie gut an das Leben in der Phyllosphäre angepaßt seien.

In anderen Arbeiten, die sich mit Blattsaprophyten oder der Wirkung von Pestiziden auf die Phyllosphären–Mikroorganismen beschäftigten, findet man Hinweise, daß Hefekolonien zwar registriert, aber nicht in die Auswertung einbezogen wurden, da ihre Kolonien schwer voneinander trennbar seien (Mercier & Reedler, 1987). Dickinson (1971) gibt bei Anwendung selektiver Isoliermethoden zu bedenken, daß gerade Hefen als langsam wachsende Organismen häufig von anderen Blattsaprophyten überwachsen werden. Nach der vorliegenden Literatur und Befragung einiger Experten der Endophytenforschung (Endophyte workshop der NOVO NORDISK, Kopenhagen 1995) ist über Hefen, die aus dem Inneren von Pflanzen isoliert worden sind, bisher nichts bekannt.

Von der Arbeitsgruppe am Institut konnten inzwischen endophytische Hefen aus Blatt– bzw. Stengel– oder Stielsegmenten verschiedener krautiger Pflanzen wie Distel (Guske, 1995), Fuchsie (Beltau, 1998), Petersilie (Schulz, pers. Mitteilung, TU Braunschweig) und vereinzelt aus Gerste (Dammann, 1997) und verschiedenen Bäumen (Draeger, pers. Mitteilung, TU Braunschweig) isoliert werden. Zwar fehlen genaue systematische Untersuchungen, doch Tests zur Glucosefermentation oder Harnstoffspaltung ließen erkennen, daß neben mehreren Basidio– auch einige Ascomycetenhefen isoliert worden sind. Guske (1995) konnte aus Disteln unter den Endophyten einen Anteil von fast 25 % als Hefen isolieren, bei den Isolaten aus Fuchsie waren es etwa 7 % (Beltau, 1998), während aus Gerste nur knapp 1 % hefiges Wachstum zeigten (Dammann, 1997). Weitere Daten wären nötig, um gegebenenfalls einen Zusammenhang zwischen stärkerer endophytischer Hefenbesiedelung in krautigen Dikotylen und geringerer in Monokotylen herstellen zu können.

Aus Weißklee betrug der Anteil an Hefen fast 20 % aller isolierten Endophyten. Die kultivierten Stämme konnten den Gattungen *Cryptococcus* mit 52 %, *Rhodotorula* mit 35 %, *Bullera* mit 11 % und *Sporobolomyces* mit 2 % zugeordnet werden. Auffällig war, daß es sich ausschließlich um Nebenfruchtformen handelte. Tests zum Zellwandaufbau, zur Harnstoffspaltung und fehlende Fermentation ließen jedoch eine eindeutige Zuordnung der Isolate aus Klee zu den Basidiomycetenhefen zu (Müller, 1989; Weber, 1993). Auch die von der AG Prillinger (Inst. f. Angewandte Mikrobiologie der Universität für

Bodenbiologie, Wien) für einige der endophytischen Hefeisolate freundlicherweise durchgeführten Zellwandzuckeranalysen führten zu keinem Widerspruch in der Zuordnung zu den genannten Gattungen (Lopandic et al., 1995). Als mögliche Erklärungen für das Fehlen von perfekten Formen führen Dillon et al. (1991) Umgebungseffekte wie z. B. kalte Klimabedingungen oder den Verlust des Paarungstyps während des Transports zum Labor bzw. während der Kultivierungen an. Möglicherweise ist ein Paarungstyp nicht entdeckt worden, weil man die geeigneten Bedingungen für die Sporulation nicht kennt (Kreger-van Rij, 1987) oder es existierten im Klee jeweils allein Haplonten desselben Paarungstyps.

Untersuchungen zum Spektrum isolierter endophytischer Hefen liegen nach derzeitgem Kenntnisstand der Literatur nicht vor. Entsprechende Analysen von Hefen an Blattoberflächen zeigen, daß Vertreter von *Cryptococcus*, *Rhodotorula* oder *Sporobolomyces* häufig angetroffen werden können (z. B. Last, 1955; Kurtzman et al., 1970; Fokkema, 1981; Webster, 1983; Kreger-van Rij, 1987; Phaff & Starmer, 1987). Di Menna (1959) isolierte in Neuseeland von den Blättern der Weidepflanzen, vorwiegend *Lolium perenne* und *Trifolium repens*, regelmäßig die folgenden Hefen: *Bullera alba*, *Cryptococcus laurentii*, *Rhodotorula glutinis*, *Rhodotorula graminis*, *Rhodotorula marina*, *Rhodotorula mucilaginosa*, *Sporobolomyces roseus* und *Torulopsis ingeniosa*, was gute Übereinstimmungen mit der vorliegenden Studie zeigt. Im Boden jener Weideflächen wurden *Cryptococcus albidus*, *Cryptococcus diffluens*, *Candida curvata*[1] und *Candida humicola*[1] häufig nachgewiesen. Die beiden Arten *C. albidus* und *C. curvatus* wurden in der vorliedenden Arbeit auch als Endophyten aus Weißklee isoliert. Phaff & Starmer (1987) fassen die Ergebnisse verschiedener Untersuchungen zusammen, wonach von Blattoberflächen verschiedener Pflanzen meistens nicht sporulierende, nicht fermentierende Hefen isoliert und als Vertreter der Gattungen *Cryptococcus*, *Rhodotorula* und *Sporobolomyces* identifiziert wurden. In der vorliegenden Untersuchung konnte, ergänzt um die Gattung *Bullera*, dasselbe Gattungsspektrum auch für endophytische Hefen nachgewiesen werden. Dennoch ist fraglich, ob anhand der Daten von Blattoberflächen Rückschlüsse auf ein zu erwartendes Endophytenspektrum möglich sind. Geht man davon aus, daß Hefen über Spaltöffnungen ins Blattinnere gelangen oder von stechend–saugenden Insekten transportiert werden, so überrascht das Auffinden gerade dieser Hefen als Endophyten nicht. Erkenntnisse darüber, daß sich außerhalb und innerhalb von Pflanzen häufig diesselben Pilzgattungen isolieren lassen, liegen auch bereits aus den zahlreichen Untersuchungen zu epi– und endophytischen Mycelpilzen vor.

Bei vielen Untersuchungen der Phyllosphäre fehlen Hinweise, ob zwischen gesundem, nekrotischem und seneszentem Material unterschieden worden ist. Auch sind die eingesetzten Methoden zur Isolierung der Hefen wichtig für nachfolgende Interpretationen. Wurde z. B. die Sporenfallmethode angewendet (Dickinson, 1971), sind nur Ballistosporenbildner erfaßt worden. Andererseits

[1]In dem zur Identifizierung verwendeten Schlüssel (Barnett et al., 1990) sind die beiden Arten *Candida curvata* und *Candida humicola* zur Gattung *Cryptococcus* gestellt worden.

hat di Menna (1959) sowohl Waschwasser als auch mazeriertes Gewebe analysiert, so daß nicht nur epiphytische, sondern gegebenfalls auch endophytische Hefen erfaßt worden sind. Kurtzman et al. (1970) isolierten von ungewaschenen Weizenkörnern am häufigsten *Cryptococcus albidus*, aus dem Mehl ließ sich dieser Hefepilz jedoch nicht mehr nachweisen. Die Autoren vermuten, daß die Hefen beim Reinigen im Mahlprozeß verloren gegangen sein könnten oder zerstört wurden.

Differenzierte Aussagen zur Lokalisierung der Hefen, d. h. ob sie auf oder innerhalb des pflanzlichen Materials existierten, sind jedoch oft nicht möglich. Vermutlich hat man es bei einigen Isolaten bereits mit endophytischen Hefen zu tun gehabt, ohne daß dies erkannt oder unterschieden wurde, insbesondere bei den Arbeiten mit mazeriertem Pflanzenmaterial.

Der Identifizierung der isolierten endophytischen Hefepilze wurde in der vorliegenden Untersuchung besonderer Stellenwert beigemessen, zumal aus der Literatur vergleichende Analysen nicht vorliegen. Die gewonnenen Erkenntnisse sollen im Kapitel zur taxonomischen Einordnung näher erörtert werden.

4.3 Taxonomie endophytischer Hefen

Bevor man versucht, die verschiedenen Rollen von Endophyten im Ökosystem zu klären, sollten die Pilze nach Harney et al. (1997) zunächst eindeutig identifiziert werden. Andererseits hilft Wissen über die funktionelle Vielfalt besonderer Charaktere, wie z. B. die verschiedenen Sporentypen der Basidiomyceten sie darstellen, bei phylogenetischen Interpretationen (Oberwinkler, 1987). Taxonomische Einordnungen von Endophyten können so das phylogenische System vervollständigen und evtl. Hinweise auf homologe Entwicklungen im Vergleich zu Pathogenen liefern.

Allgemein werden Hefen als reduzierte höhere Pilze definiert, die in ihrem gesamten oder in einem Teil ihres Lebenszyklus einzellig sind und deren Zellwände wenig Chitin, aber viel Mannan enthalten (Kendrick, 1987). Dabei werden Klassifizierungen dieser Pilze als schwierig und kontrovers eingestuft, zumal Hefen aus historischen Gründen in einem künstlichen System angeordnet sind (Moore, 1987a; van der Walt, 1987). Hefiges Wachstum kommt als Lebensform sowohl bei Zygo–, als auch bei Asco– und Basidiomyceten vor und ist daher kein taxonomisches Kriterium (Weber, 1993). Flegel (1977) forderte sogar dazu auf, die Bezeichnung Hefe rein morphologisch als einzellige Wuchsform von Pilzen zu verwenden.

Obwohl Menschen die Produkte fermentierender Hefen wie Brot, Bier und Wein seit der Antike nutzen, gelang es erst in der Mitte des 19. Jahrhunderts, Pilze als verantwortlich hierfür zu erkennen (Weber, 1993; Dörfelt & Heklau, 1998). Da den Hefepilzen wohldefinierte Thalli fehlen, erfolgte ihre systematische Einordnung aufgrund verschiedener physiologischer Fähigkeiten. Zunächst wurden alle knospenden Hefen als *Saccharomyces* klassifiziert, Hauptfruchtformen waren nicht bekannt. Als 1925 Kluyver & van Niel entdeckten, daß einige rote Hefen Ballistosporen bilden, vergleichbar den Basidiosporen zahlreicher

Basidiomyceten, leitete dies die Zuordnung einiger Hefen zu neuen Gattungen und Familien innerhalb der Basidiomyceten ein (van der Walt, 1987).

4.3.1 Einordnung nach morpho– und physiologischen Merkmalen

Da die Sporulationen nach Vereinzelungsschritten auf Nähragar oft nicht mehr gegeben sind, fällt dieses Kriterium zur Klassifizierung von Hefen über Gattungen zu Arten oft aus. Insbesondere basidiosporogene Hefen werden meist in haploider Phase isoliert, so daß sie, wenn es sich um heterothallische Hefen handelt, als imperfekte Hefen bestimmt werden (Kreger-van Rij, 1987). Zur Identifizierung werden dann morphologische und physiologische Eigenschaften eingesetzt.

In der vorliegenden Untersuchung wurden die aus Weißklee isolierten Hefen in Anlehnung an van der Walt & Yarrow (1984) und Barnett et al. (1990) weitestgehend nach den Standardtests der DSMZ (Braunschweig) analysiert. Während 44 von 54 getesteten Stämmen danach eindeutig identifiziert wurden, gelang dies für zehn Isolate zunächst nicht. Die Fähigkeit zur Assimilation verschiedener Kohlenstoffquellen wurde mit einem Test–Kit durchgeführt, wodurch u. a. auch Daten erhoben wurden, die nach der Computerauswertung von Barnett et al. (1990) nicht berücksichtigt werden. Möglicherweise wären diese zusätzlichen Tests hilfreich, einige der unsicher bestimmten Stämme besser taxonomisch einzuordnen, jedoch fehlen Literaturdaten zum Vergleich. Laaser (1989) weist darauf hin, daß die Auswahl der Wachstumstests, ursprünglich zur Identifizierung der aus Nahrungsmitteln isolierten Ascomycetenhefen entwickelt, als „kontinuierlicher historischer Prozeß" betrachtet werden sollte. Der Autor schließt nicht aus, daß Tests, die biologische und ökologische Aspekte berücksichtigen, ebenfalls zur taxonomischen Einordnung geeignet wären. Die Ergebnisse der vorliegenden Untersuchung unterstützen diese Einschätzung, insbesondere da endophytische Hefen in der Literatur bislang kaum Berücksichtigung fanden. Es ist zu erwarten, daß auch aus anderen bislang noch nicht analysierten Habitaten Hefen isoliert werden, die mit den bisher in der Literatur festgelegten Kriterien nicht ausreichend differenziert werden können. So glaubt Kendrick (1987), daß die Zahl registrierter Hefetaxa um mehr als das Zehnfache ansteigen könne, wenn z. B. noch mehr endosymbiontische Hefen aus Käfern, Brandhefen oder Hefen von psychrophilen Standorten isoliert werden.

Die Hefennomenklatur ist festgelegt durch den International Code of Botanical Nomenclature, wonach u. a. für jede Art eine lateinische Beschreibung existieren und ein Typstamm benannt werden muß. Der Name unterliegt der binären Nomenklatur, d. h. er besteht aus einem Gattungs– und einem Artnamen. Typstamm–Exemplare sind in einem Museum oder einer entsprechenden Einrichtung zu hinterlegen, um als Vergleich zu dienen, wenn unbekannte Isolate identifiziert werden sollen. Genau hierbei besteht allerdings das Problem, daß man lebende Kulturen braucht (Kreger-van Rij, 1984), da für die Hefenidentifizierung Stoffwechseltests nötig sind. Außerdem wird die Benennung eines Typstammes bei der Erstbeschreibung eines Taxons verlangt, zu einer Zeit also, in der über die neue Gruppe, in der möglicherweise verschiedene Vertreter zusammenzufassen sind, noch nicht sehr viel bekannt ist. Man kann daher nicht sicher sein, daß der Typstamm tatsächlich für die Art „typisch" ist, er stellt lediglich ein Referenzexemplar für den Namen dar. Taxonomen haben deswegen vorgeschlagen, daß es einen „centrotype" (Silvestri et al., 1962) geben sollte, der einem zentralen Stamm des Artenclusters entspräche. Nach einem anderen Vorschlag könnten zusammen mit dem offiziellen Typstamm weitere Referenenzstämme eine „type–constellation" bilden, die die Bandbreite an Variationen innerhalb einer Art aufzeigen und somit die Grenzen einer Art definieren helfen könnten (Gibbons, 1974). Sich verändernde Umweltbedingungen oder Anpassungen an spezielle Lebensräume führen allerdings über die Zeit ständig zu Weiterentwicklungen von Arten, so daß es schwierig bleiben wird, klare Trennungen bzw. Richtlinien zur Definition von Arten für Mikroorganismen festzulegen.

Für die Identifizierung der in dieser Arbeit isolierten endophytischen Hefen aus Klee wurden diese nach ihren morphologischen und physiologischen Daten zum einen mit einzelnen Referenzstämmen verglichen, zum anderen mit dem Identifikationsprogramm von Barnett et al. (1990) bestimmt. Das Identifikationsprogramm bietet den Vorteil, daß hierbei empirisch zusammengetragene Werte die Grundlage für die Vergleiche bilden und die zu fordernde Bandbreite an Variationen einer Art, s. o., widerspiegeln. Von den 105 gelisteten Tests (Tab. 6.1) sind z. B. für die Art *Rhodotorula mucilaginosa* 34 variabel, d. h. innerhalb der Art ist bei einigen Vertretern ein solches Merkmal positiv ausgeprägt, bei anderen Vertretern negativ. Für einen einzelnen analysierten Stamm hingegen kann jedes untersuchte Merkmal nur entweder positiv oder negativ sein. Erste taxonomische Einordnungen der Isolate aus Klee waren daher mit Hilfe des Computerprogrammes und weiteren Literaturdaten wegen möglicher intraspezifischer Variabilität erfolgreicher als der Vergleich mit einzelnen Referenzstämmen. Allerdings darf nicht außer Acht gelassen werden, daß Vergleiche nur mit bekannten oder erfaßten Arten möglich sind. So sind z. B. die Hefephasen der Gattung *Ustilago* in dem Identifizierungsprogramm nicht enthalten. Bei den nicht eindeutig identifizierten Endophyten könnte es sich demnach also auch um Arten handeln, die im Programm nicht erfaßt oder überhaupt noch nicht beschrieben worden sind.

Mit den in der vorliegenden Studie durchgeführten Ähnlichkeitsanalysen nach morphologischen und physiologischen Daten gelang es nicht, die zehn nicht eindeutig bestimmten Isolate, taxonomisch klar einzuordnen. In keinem Fall war es zu einer identischen Übereinstimmung zwischen Referenz und Endophyt gekommen. Auffällig waren die z. T. erheblichen Unterschiede zwischen Referenzstämmen derselben Art, wie z. B. für *C. hungaricus* oder für *R. mucilaginosa*. Außerdem wurden größere Ähnlichkeiten zwischen einigen *C. laurentii*– und *B. alba*–Isolaten als zwischen *Cryptococcus*–Arten untereinander aufgezeigt (Abb. 3.5).

Eine wesentliche Ursache für dieses Ergebnis ist in der Tatsache zu finden, daß zur Berechnung der Distanzmatrix 60 verschiedene Tests mit jeweils gleichem Stellenwert eingesetzt worden sind. Dabei ist nicht berücksichtigt, daß einzelne Merkmale wie Pigmentierung, Nitratassimilation, Ureasenachweis oder Ballistosporenbildung für die Systematik unterschiedliche Bedeutung haben können. Würde man eine exaktere Gewichtung vorgeben wollen, müßte man Maßstäbe kennen, die es erlauben, Unterschiede zu quantifizieren und diese müßten für alle Vertreter eines Taxons gleichermaßen gelten. So etwas gibt es zur Zeit jedoch nicht. Das Merkmal zur Pigmentierung gibt z. B. keine Auskunft über die Gattungszugehörigkeit. Die meisten Mitglieder der Gattung *Cryptococcus* sind nicht pigmentiert, jedoch gibt es auch rot pigmentierte Arten. Genau umgekehrt verhält es sich in der Gattung *Rhodotorula*, wo nicht pigmentierte Vertreter die Ausnahme bilden (Barnett et al., 1990). Als weiteres Beispiel ließe sich die Fähigkeit zur Fermentation anführen, die bei den Ascomyceten weit verbreitet, bei den Basidiomyceten jedoch selten ist. Selbst für die aussagekräftige Diazoniumfärbung, nach der Asco– und Basidiomyceten unterschieden werden können, hat Lachance (1982) als Ausnahme eine DBB positive Ascomycetenhefe beschrieben.

Eine numerische Auswertung erscheint somit für physiologische Daten nicht sinnvoll und sollte nur für gleichwertige Tests bzw. auf der Basis eines einzigen Tests, z. B. eines DNA–Sequenzvergleiches, durchgeführt werden (Laaser, 1989). Aber auch cladistische Hypothesen zur Verwandtschaft von Pilzarten auf Basis morphologischer Charaktere sind bisher wenig unternommen worden, da ein großes Problem darin besteht, daß zur Abgrenzung verwendete Merkmale überlappende Bereiche zeigen, und daß die Merkmale oft nicht unabhängig voneinander sind (Harrington, 1998). Trotz der entscheidenden Einschränkung für numerische Analysen lassen sich aus dem Diagramm (Abb. 3.5) zwei wichtige Erkenntnisse ableiten. Zum einen konnten unter den endophytischen Hefen bezüglich ihrer Stoffwechseleigenschaften vereinzelt identische Isolate gefunden werden, zum anderen waren die Unterschiede zu den Referenzstämmen derselben Art z. T. recht groß. Wenn bereits gut identifizierte Stämme solche Verschiedenheiten aufweisen können, zeigt dies intraspezifische Heterogenität und erklärt möglicherweise auch die Schwierigkeiten einer eindeutigen Identifizierung für einige der Endophyten bzw. spiegelt die Problematik der gesamten Hefetaxonomie wider.

Weitere taxonomische Kriterien sind zur besseren systematischen Einordnung von Hefen erforderlich. Zur Bestimmung natürlicher Verwandtschaften werden seit vielen Jahren chemotaxonomische Methoden eingesetzt (Dörfler, 1990, Frisvad et al., 1998). Hierzu zählen Bestimmungen von Sekundärmetabolitprofilen, Protein– oder Isoenzymmustern ebenso wie die des G+C mol% Gehaltes der DNA, der Zellinhaltsstoffe oder Zellwandbestandteile. Dörfler (1990) weist aber auch darauf hin, daß mittels Zellwandzuckeranalysen allgemein für Ascomycetenhefen Mannose und Glucose und für Basidiomycetenhefen Xylose oder Fucose nachgewiesen werden. Ausnahmen seien jedoch bekannt bzw. die Ergebnisse abhängig von den Methoden der Zellwandisolierung. Und für das von Yamada & Kondo, 1973) zur Klassifikation vieler Hefen untersuchte Coenzym–Q–System fanden die Autoren Unterschiede innerhalb einzelner Gattungen. Erste molekularbiologische Verfahren stellten DNA–DNA Hybridisierungen und rRNA–Sequenzanalysen dar. Der Einsatz von Restriktionsenzymen, Gelelektrophorese und Southern–Hybridisierung führte zur Entwicklung der Restriktionsfragment–Längenpolymorphismus–Analyse (RFLP), so daß Restriktionsmuster genomischer, ribosomaler oder mitochondrialer DNA miteinander verglichen werden konnten (Edel, 1998). In jüngster Zeit gewinnen molekularbiologische Verfahren auf Basis der PCR–Technik zunehmend an Bedeutung. Aufgrund von Amplifizierungsschritten sind Restriktionsanalysen ohne Hybridisierungen möglich, da hierfür direkt das PCR–Produkt eingesetzt werden kann. Außerdem ermöglicht das DNA–Vervielfältigungsverfahren es, Informationen über nicht kultivierbare Organismen zu erhalten und einen großen Probenumfang in relativ kurzer Zeit bewältigen zu können (Möller et al., 1994; Messner & Prillinger, 1995; Boyle, 1996). Nakase (1991) stuft dabei aufgrund molekularer Daten, Monosaccharidzusammensetzungen und Ubichinonen die Annäherung zur Systematik der Basidiomycetenhefen günstiger ein als anhand morpho– und physiologischer Charaktere.

4.3.2 Einordnung nach molekularen Merkmalen

Klassifikationen von Pilzen, die allein auf Merkmalen ihrer anamorphen Stadien basieren, sind meistens künstlich und spiegeln in der Regel keine wahren phylogenetischen Verwandtschaften wider. Untersuchungen zur Molekularbiologie können deshalb sinnvoll für die genetische Identifikation von Pilzen und ihrer taxonomischen Einordnung sein (Vilgalys & Hester, 1990). Identifikationsmethoden auf DNA–Basis sind außerdem nicht vom Charakterwechsel während der Ontogenie oder bei Organdifferenzierungen beeinflußt (Redecker et al., 1997). Polymerasekettenreaktionen werden seit über zehn Jahren zur Identifizierung und Differenzierung von Pilzen eingesetzt und verschiedene Verbesserungen und Kombinationen wurden und werden erprobt (z. B. Mullis & Faloona, 1987; Welsh & McClelland, 1990; Williams et al., 1990; Möller et al., 1994; Albee et al., 1996; Pastrik, 1996).

In der Literatur findet man z. T. unterschiedliche Bezeichnungen und Abkürzungen. Die Kombination einer spezifischen PCR mit anschließender Restriktionsfragment–Längenpolymorphismus–Analyse wurde auch als ARDRA (amplified rDNA restriction analysis) bezeichnet (Vaneechoutte et al., 1992; Hering et al., 1994). Andere Autoren nennen das Verfahren PCR–mapping (Vilgalys & Hester, 1990), PCR–ribotyping (z. B. Messner & Prillinger, 1995; Yurlova et al., 1996; Mendez–Alvarez et al., 1996) oder ITS–RFLP (Hering, 1997). Mittlerweile findet man die in der vorliegenden Studie verwendete Abkürzung der beiden kombinierten Methoden sehr häufig: PCR–RFLP (z. B. Laroche et al., 1995; Boyle, 1996; Lumini et al., 1996).

Als PCR mit Zufallsprimern wurden u. a. AP–PCR (arbitarily primed PCR), DAF (DNA amplification fingerprinting) und RAPD–PCR (random amplification polymorphic DNA) entwickelt (Möller et al., 1994). Das RAPD–

Verfahren ist dabei die am häufigsten angewandte Technik (z. B. Williams et al., 1990; Möller, 1994; Varga et al., 1995; Pastrik, 1996), sie ist preisgünstiger als z. B. die AP–PCR, erfordert keine Radioaktivmarkierungen und ist schnell und einfach auszuwerten.

4.3.2.1 PCR–RFLP

Im Gegensatz zum Klonieren oder direkten Sequenzieren bietet die Polymerasekettenreaktion mehrere Vorteile, da für die Methode einfach aufgearbeitete Gesamt–DNA eingesetzt werden kann (Vilgalys & Hester, 1990), wenig DNA nötig ist und das Verfahren mit automatisierten DNA–Sequenzierungsmaschinen kombinierbar ist (White et al., 1990; Möller et al., 1994). Die PCR–RFLP stellt somit ein Verfahren dar, welches schneller und einfacher durchzuführen ist als z. B. DNA–DNA–Hybridisierungen oder G+C–Gehaltsbestimmungen (Blanz & Döring, 1995). Messner & Prillinger (1995) hoben hervor, daß PCR gekoppelt mit Restriktionsanalysen eine geeignete Methode sei, um verschiedene Stämme auf Artebene zu differenzieren und daß dieses Verfahren die Lücke schließe zwischen der RAPD, mit der Varianten einer Art differenziert werden können und Sequenzierungen, die zur Erstellung phylogenetischer Abstammungen oberhalb von Gattungen eingesetzt werden. So fanden z. B. Tooley et al. (1996) für die Identifizierung von *Phytophthora*–Arten keine Heterogenitäten in der Länge der ITS-2 Region innerhalb einer Art, jedoch zwischen verschiedenen Arten. Bei taxonomischen Untersuchungen zur Gattung *Exobasidium* konnten gute Übereinstimmungen zwischen DNA–DNA–Hybridisierung, G+C–Daten und den Ergebnissen aus PCR–RFLP–Analysen beschrieben werden (Blanz & Döring, 1995). Die Autoren stuften RFLP–Muster daher als geeignet zur Artenunterscheidung ein. Auch Yurlova et al. (1996) konnten innerhalb der Gruppe der sogenannten 'black yeasts', welche in Kulter nur schwer voneinander zu unterscheiden sind und die auch eine sehr ähnliche Nährstoffphysiologie aufweisen, mit Hilfe von PCR–RFLP–Mustern Gattungen und Arten unterscheiden bzw. Zusammenhänge zwischen anamorphen und teleomorphen Formen aufzeigen.

Bei der PCR mit den Universalprimern ITS-1/ITS-4, die bereits zur Identifikation und für phylogenetische Analysen von vielen Pilzen eingesetzt wurden (Redecker et al., 1997), kennt man zudem genau den DNA–Bereich, der amplifiziert wird. Im Gegensatz zur RAPD mit Zufallsprimern, s. u., erhält man von einem einzigen Amplifikationsprodukt nach Restriktionsanalyse mit geeigneten Enzymen relativ wenige Banden. Dadurch bleibt die Auswertung praktikabel für Organismen, die unterschiedlichen Gattungen oder Populationen zuzuordnen sind.

Für die in der vorliegenden Untersuchung durchgeführte spezifische PCR wurde ebenfalls das Primerpaar ITS-1/ITS-4 verwendet. Es erlaubt die Amplifizierung des gesamten ITS–Bereiches mit dem darin enthaltenen 5,8 S Segment der rDNA (White et al., 1990). Nach Kurtzman (1984) ist für rRNAs und die entsprechenden kodierenden DNA–Regionen ihr Wert als evolutiver Marker bekannt, da sowohl Regionen mit hohen als auch mit niedrigen Sequenzvariabilitäten enthalten sind. Die ITS–Region einschließlich des 5,8 S rDNA Gens wird für viele in der Literatur beschriebene Fragmente oder Sequenzen von Pilzen mit einer Länge von durchschnittlich 500 bp bis 700 bp angegeben (Uijthof & de Hoog, 1995; Boyle, 1996; Harney et al., 1997; Kuhls et al., 1997; Witthuhn et al., 1998). Für die Hefepilze der vorliegenden Untersuchung wurde ein Längenbereich von 500 bp bis 750 bp bzw. für einen *Ustilago*–Referenzstamm 800 bp ermittelt. Hinsichtlich der analysierten ITS–Region bestehen also gute Übereinstimmungen zwischen Mycel– und Hefepilzen.

Nach einer PCR–RFLP sind die Banden im Agarosegel deutlich sichtbar. Die Bestimmung der Restriktionsschnittstellen erfolgt hierbei indirekt, da der Zerfall eines Amplikons in zwei Bruchstücke durch eine Schnittstelle verursacht wird (Kap. 3.3.5.2.2). Mit der PCR–RFLP–Analyse reduziert man Organismen jedoch auf Teile der Bandenmuster des Gesamtgenoms und setzt diese in Zahlenwerte um. Es wird somit nur auf einen Teil der Informationen über die zu vergleichenden Individuen zugegriffen, insbesondere wenn man, wie in der Genetik üblich, allein die Anzahl an Schnittstellen wertet. Hierbei bleibt die Länge entstandener Fragmente unberücksichtigt. Zwei Stämme könnten aufgrund gleicher Schnittstellenanzahl als identisch eingestuft werden, auch wenn die Schnittstellen in ganz unterschiedlichen DNA–Abschnitten liegen, was unterschiedlicher genetischer Informationen entspräche.

In der vorliegenden Studie wurden zusätzlich zur Anzahl der Schnittstellen sowohl die Länge des ITS–Amplikons als auch die des längsten entstandenen Fragmentes nach Restriktionsverdau für vergleichende Analysen herangezogen. Wenn das ITS–Amplikon zweier Stämme unterschiedlich lang war, konnten die Individuen nicht identisch sein. War aber das Gesamtfragment zufällig bei beiden Stämmen gleich lang und stimmte auch die Zahl an Restriktionsstellen überein, handelte es sich dennoch nicht um identische Isolate, falls die Fragmente nicht dieselben Längen aufwiesen. Für den Fall, daß im analysierten Gesamtfragment keine Schnittstelle vorlag, wurde für das längste Fragment derselbe Wert wie für das Gesamtfragment angegeben. Hätte man stattdessen den Wert Null eingesetzt, würde verschiedenen Stämmen ein gleiches Merkmal zugeschrieben, selbst wenn die Gesamtfragmente bereits unterschiedlich lang waren. Diese Auswertung macht deutlich, daß mit der PCR–RFLP mehr Information beim Vergleich von Organismen erhalten werden kann als dies bei der reinen Betrachtung von Schnittstellen der Fall ist. So wurde z. B. für 18 Hefeisolate, davon 14 Endophyten, die ITS–Gesamtfragmentlänge mit 550 bp bestimmt. Alle 18 hatten eine Schnittstelle für das Enzym Eco RI und wären demnach bezüglich ITS–Länge und vorhandener Schnittstelle als identisch einzustufen. Jedoch war für sechs Stämme das längste entstandene Fragment 270 bp, für acht 330 bp und für jeweils zwei 300 bp bzw. 370 bp lang. Für das Enzym Taq I hatten 17 dieser 18 Hefen ebenfalls genau eine Schnittstelle, mit zwei Ausnahmen führte ein Vergleich der längsten Fragmente nach Verdau zur gleichen Gruppenbildung wie vorher beschrieben. Von den insgesamt 74 amplifizierten DNA–Proben waren die Gesamtfragmente von 26 Stämmen, davon

17 Endophyten, 600 bp lang. Für das Enzym Alu I ließen sich drei Gruppen unterscheiden: Zwei Isolate hatten nur eine, 13 zwei und elf hatten drei Schnittstellen. Bezieht man die Ergebnisse der entstandenen längsten Fragmente in die Betrachtung mit ein, so waren innerhalb der 13 Isolate fünf verschiedene Fragmentlängen zu detektieren. In der Gruppe, die drei Schnittstellen für Alu I besaß, hatten drei Isolate ein längstes Fragment von 500 bp und acht von 550 bp Länge. Auch dieses Beispiel bestätigt also, daß gleich lange Gesamtfragmente und gleiche Anzahl von Schnittstellen unterschiedliche genetische Informationen beinhalten kann, da sich aufgrund des längsten Fragmentes in dem einen Fall fünf, in dem anderen zwei Gruppen unterscheiden ließen.

Messner & Prillinger (1995) beschrieben für das „ribotyping"–Verfahren, d. h. Amplifikation mit nachfolgender RFLP, absolute Reproduzierbarkeit, da es verglichen mit der RAPD–PCR keine Standardisierungsprobleme gebe. Die PCR–RFLP lieferte zudem gute Übereinstimmungen zur Phylogenie, welche durch Sequenzierungen von rRNA erhalten worden war. Uijthof & de Hoog (1995) gelang es, mit dem PCR–RFLP–Verfahren Identitäten zwischen verschiedenen Arten aufzudecken und somit Synonyme von *Exophiala* und *Phaeococcomyces* zu finden. Die Überprüfung von verschiedenen Generationen zweier über mehrere Jahre getrennt kultivierte Einzelsporkulturen desselben Isolates von *Glomus caledonium* zeigte konstante Bandenmuster (Redecker et al., 1997). Auch mit den Analysen zur vorliegenden Studie konnten in zwei verschiedenen Aufarbeitungszeiträumen mit halbjährigem Abstand durch Wiederholungen reproduzierbare Ergebnisse mit der PCR–RFLP–Technik erzielt werden.

Für das PCR–RFLP–Verfahren haben sich in den bisher veröffentlichten Studien häufig schneidende Restriktionsenzyme wie Alu I, Ava II, Eco RI, Hae III, Hinf I, Hha I oder Taq I als geeignet erwiesen (u. a. Vilgalys & Hester, 1990; Messner & Prillinger, 1995; Uijthof & de Hoog, 1995; Boyle, 1996). Im einzelnen scheint es jedoch prüfenswert zu sein, inwiefern mit den eingesetzten Enzymen für die zu analysierenden Proben Differenzierungen möglich sind. In der vorliegenden Studie konnten z. B. mit den ebenfalls häufig verwendeten Enzymen Bam HI oder Rsa I für mehr als 40 getestete Hefen im amplifizierten ITS–Gesamtfragment keine Schnittstellen nachgewiesen werden, weshalb diese Enzyme nicht in die vergleichenden Analysen einbezogen worden sind. Inwiefern bei der Suche nach geeigneten Restriktionsenzymen zwischen Studien an Mycel– bzw. an Hefepilzen zu unterscheiden ist, bleibt zu prüfen.

Nach der durchgeführten PCR–RFLP konnten mit Hilfe der Clusteranalyse, allein nach diesen Daten beurteilt, untereinander identische endophytische Hefen nachgewiesen werden (Abb. 3.11). Da das PCR–Verfahren geeignet ist, zwischen Arten zu differenzieren (Messner & Prillinger, 1995), können jene Stämme, die bezüglich der 19 miteinander verrechneten Merkmale für die Verschiedenheit (v) = 0 miteinander clusterten, d. h. keine Unterschiede zueinander aufwiesen, als jeweils zu derselben Art gehörig eingestuft werden. Sechs von insgesamt 54 analysierten endophytischen Isolaten zeigten dieselben Bandenmuster wie der Referenzstamm (Ba), so daß diese eindeutig als *Bullera alba* identifiziert wurden. Für die übrigen 48 untersuchten Endophyten konnte durch Mitführen von Referenzen keine Identifizierung allein anhand der PCR–Daten erfolgen, da keine weiteren identischen Übereinstimmungen zwischen Referenzen und Endophyten aufgetreten waren. Im Dendrogramm sind zwar Ähnlichkeiten zwischen solchen Stämmen zu erkennen, die für kleine Verschiedenheitswerte (v) miteinander clusterten, bislang ist jedoch nicht abschätzbar, in wie vielen Merkmalen zwei Hefen sich unterscheiden dürfen, um trotzdem noch derselben Art anzugehören. Es lassen sich also keine Werte für (v) angeben, wonach Arten, Unterarten oder Rassen festzulegen wären.

Mit der PCR–RFLP waren zudem große Heterogenitäten insbesondere zwischen Referenzstämmen derselben Art zu erkennen. Dadurch wurde eine Identifizierung der endophytischen Hefen zusätzlich erschwert. So unterschieden sich z. B. die beiden analysierten *R. mucilaginosa*–Referenzen (R3 und V) in durchschnittlich 11 der 19 PCR–Merkmale voneinander. Einer dieser beiden Stämme, (V), clusterte jedoch bereits für (v) = 6 mit der *R. glutinis*–Referenz (R1), d. h. nur 6 der 19 Merkmale waren unterschiedlich. Entsprechende Beobachtungen wurden auch für verschiedene *Cryptococcus*–Referenzen gemacht. Mit der Clusteranalyse konnten somit zwar Ähnlichkeiten dargestellt werden, eine Identifizierung der Endophyten allein mit den PCR–RFLP–Daten war jedoch nur möglich, wenn es gelang, wie bei den *Bullera*–Isolaten, identische Übereinstimmung zwischen bereits bekannten Stämmen und den Endophyten nachzuweisen. Um die PCR–RFLP–Ergebnisse der vorliegenden Untersuchung besser einordnen zu können, wurden die Namensvorschläge der klassischen Identifizierung nach Barnett et al. (1990) einbezogen. Erkenntnisse hieraus werden im Kap. 4.3.3 diskutiert.

Für Großpilze konnten Boyle (1996) und Buscot et al. (1996) mit Hilfe der PCR–RFLP–Technik fruchtkörpermorphologische Artenzuordnungen bestätigen. Aber gerade für Hefen scheint die intraspezifische Heterogenität recht groß zu sein. Möglicherweise handelte es sich dabei ja auch um mehrere Arten, die mit den bisher eingesetzten Methoden noch nicht voneinander differenziert werden konnten. Sowohl mittels physiologischer Merkmale als auch nach PCR–Daten gab es Unterschiede zwischen Referenzstämmen derselben Art bzw. ließen sich zwischen Endophyten und Referenzen kaum Übereinstimmungen nachweisen. Hierzu ist anzumerken, daß versucht wurde, Referenzstämme in die Untersuchung einzubeziehen, die ursprünglich von pflanzlichem Material stammten. In den Stammsammlungen existieren z. Z. jedoch noch keine als Endophyten isolierte Stämme. Eine Eignung der eingesetzten Vergleichsstämme war somit nicht gegeben.

4.3.2.2 RAPD

Vorteile der RAPD–PCR bestehen insbesondere darin, daß das Verfahren schnell, einfach und für verschiedenste Arten anwendbar ist (Williams et al., 1993). Universalprimer lassen sich zur Erzeugung eines Amplifkationsproduktes einsetzen, ohne über den zu untersuchenden Organismus weitere molekularbiologische Informationen, wie z. B. Sequenzdaten haben zu müssen (Welsh &

McClelland, 1990). Die Eignung zur Artidentifikation ist von mehreren Autoren beschrieben worden (z. B. Möller et al., 1994; Pastrik, 1996). Zu beachten ist allerdings, daß für das Verfahren Standardisierungen nötig sind, um reproduzierbare Ergebnisse liefern zu können. Williams et al. (1993) und Möller et al. (1994) wiesen auf mehrere zu berücksichtigende Aspekte hin, wie Wahl geeigneter DNA–Mengen, was vorherige Konzentrationsbestimmungen voraussetzt, Optimierung von Reaktionskomponenten und Verwendung einer ausreichend thermostabilen Polymerase. Zudem fanden die Autoren Abhängigkeiten der Ergebnisse vom eingesetzten Thermocycler und der Anzahl der Amplifikationszyklen. In der vorliegenden Studie wurden diese Kriterien berücksichtigt und die von Pastrik (1996) für die eingesetzte Taq–Polymerase optimierten Bedingungen übernommen. Für eine Konzentration zwischen 0,3 ng und 18 ng konnten mit der Hefen–DNA konstante, reproduzierbare Bandenmuster erzeugt werden.

Die Eignung der RAPD zur Artidentifikation setzt eine vorherige, möglichst gute Einordnung der zu untersuchenden Stämme voraus. Es muß eine enge Beziehung der Organismen zueinander gewährleistet sein, da sonst die erzeugte Bandenvielfalt nur schwer interpretierbar ist (Williams et al., 1993). Bei einigen endophytischen Isolaten waren jedoch nach den morpho– und physiologischen Untersuchungen zwei oder drei verschiedene Artnamen gleichwahrscheinlich, z. B. *R. glutinis*/*R. graminis*/*R. mucilaginosa* für Isolat (1) oder *R. minuta*/*R. mucilaginosa* für Isolat (10), Tab. 3.3. Mit der PCR–RFLP–Analyse wurden aufgrund der erzeugten Restriktionsbandenmuster z. T. identische Isolate nachgewiesen, aber auch intraspezifische Heterogenitäten durch Vergleich mit Referenzstämmen bestimmt. Die RAPD–Analyse bestätigte die Übereinstimmungen der *Bullera*–Isolate untereinander, Abb. 3.14. Gleichzeitig waren aber wegen der größeren Bandenvielfalt auch Differenzierungen anderer per PCR–RFLP als identisch eingestufter Isolate möglich: Dies gilt z. B. für die sechs Stämme (12, 15, 16, 18, 19, 46), Abb. 3.16. Mit drei verschiedenen Primern waren jeweils zwei Stämme untereinander identisch (12/18), (15/16), (19/46) und unterschieden sich in mindestens einer Bande von den übrigen vier Isolaten. Identitäten zu dem Referenzstamm (CL) konnten, wie vorher, auch mit diesem Verfahren nicht detektiert werden. Für Stämme, die bereits mit der PCR–RFLP–Technik als heterogen eingestuft bzw. für die keine Ähnlichkeiten erkannt worden waren, stellten sich die RAPD–Muster als zu komplex für weitere Interpretationen heraus, z. B. Stamm (45), Abb. 3.14 oder Stamm (22), Abb. 3.16. Williams et al. (1993) haben als Variation der Methode dazu vorgeschlagen, vor die Amplifikation einen Verdau mit häufig schneidenden Enzymen zu schalten, um so die Muster zu vereinfachen. Dies sollte bei weiterführenden Untersuchungen mit der RAPD–Methode für endophytische Hefen in Betracht gezogen werden.

Für eine Identifizierung der endophytischen Isolate mit Hilfe der RAPD–Methode gilt jedoch dasselbe wie für schon für die PCR–RFLP beschrieben. Um allein anhand der Bandenmuster Bestimmungen vornehmen zu können, müßten Übereinstimmungen mit gut identifizierten Stämmen vorliegen oder entsprechende Datenbanken existieren, mit denen Vergleiche durchgeführt werden könnten. Beides ist in der Hefentaxonomie nicht ausreichend etabliert, insbesondere nicht, da im vorliegenden Fall mit Hefen einer speziellen ökologischen Nische gearbeitet wurde.

4.3.3 Klassik und Moderne kombiniert

Im vorangegangenen Kapitel wurde deutlich, daß die eingesetzten PCR–Verfahren für die Identifizierung der endophytischen Hefen als jeweils einzige Methode unzureichend waren. Die Ergänzung von klassischen durch molekulare Verfahren soll daher an Beispielen erörtert werden.

Durch die PCR–RFLP–Ergebnisse (Abb. 3.11) konnte kein Endophyt den Referenzen von *C. laurentii* oder *C. albidus* eindeutig zugeordnet werden. Nach der klassischen Identifizierung (Barnett et al., 1990) waren aber gerade diese beiden Arten unter den Endophyten sehr häufig. Kombiniert man beide Ergebnisse, so lassen sich hieraus folgende Erkenntnisse ableiten. Bei den klassisch als *C. laurentii* identifizierten endophytischen Hefen handelte es sich nach den Ergebnissen der PCR–RFLP um verschiedene Gruppen. Eine Gruppe mit vier und eine mit sechs jeweils untereinander identischen Stämmen (Abb. 3.11, Cluster 3 und 4) unterschieden sich deutlich von den Referenzen. Dieses Ergebnis paßt zu den Beschreibungen von Vilgalys & Hester (1990), die vier *C. laurentii*–Stämme, welche aus dem klinischen Bereich isoliert worden waren, in drei verschiedene genetische Klassen einordneten, der Typstamm dieser Art entsprach sogar einer vierten Klasse. Auch Guého et al. (1993) stuften die Art als heterogenes Gemisch ein.

Viele der klassisch als *C. albidus* bestimmten Endophyten clusterten zusammen in einer Gruppe (Abb. 3.11, Cluster 7), die Referenzen befanden sich jedoch in einer ganz anderen Großgruppe. Mit ihren PCR–RFLP–Untersuchungen stellten Vilgalys & Hester (1990) für einige *C. laurentii*–Isolate eine intermediate Stellung zwischen einer *C. neoformans*– und einer *C. albidus*–Gruppe fest. Daraus läßt sich schließen, daß die Autoren jede dieser drei Arten in verschiedene Untergruppen einteilten und daß die Abgrenzungen zwischen den Arten noch nicht endgültig geklärt ist. Außerdem stellten die Autoren aufgrund ihrer Ergebnisse den Nitratassimilationstest, nach dem *C. albidus* und *C. laurentii* bislang taxonomisch unterschieden wurden, in seinem Wert als phylogenetisch informativen Charakter in Frage.

Fünf Endophyten waren nach klassischer Identifizierung als *R. graminis* benannt, bezüglich ihrer PCR–RFLP–Muster existierten auch hier zwei Gruppen. Vergleiche zu Referenzstämmen liegen nicht vor, da sich z. Z. der Auswahl von Vergleichsstämmen das Vorkommen dieser Art bei den Hefen aus Klee noch nicht abzeichnete. Für die übrigen Vertreter der Gattung *Rhodotorula* waren die Ergebnisse nach der PCR–RFLP–Untersuchung sehr heterogen. Weder unter den Endophyten noch im Vergleich zu Referenzen konnten Gruppen mit völliger Übereinstimmung nachgewiesen werden. Ähnlichkeiten zwischen dem nicht eindeutig bestimmbaren Isolat (23) zu dem Referenzstamm (R2) lassen aber vermuten, daß es sich bei diesem Endophyten sehr wahrscheinlich um eine *R. minuta* handelte.

In einer Gruppe clusterten anhand ihrer PCR–Merkmale die ebenfalls nicht eindeutig identifizierten Isolate (1, 3, 43) (Abb. 3.11), für die als gemeinsamer Namensvorschlag nach klassischer Identifizierung *R. glutinis* in Frage käme. Nach PCR–Daten bildeten die drei nicht rot pigmentierten Stämme (68, 79, 82) eine Gruppe von fast identischen Isolaten. Für alle drei waren nach dem Identifikationsprogramm sowohl *R. aurantiaca* als auch *T. foliacea* vorgeschlagen worden. Jeweils einer der klassischen Tests traf nicht zu, *R. aurantiaca* wäre Nitrat positiv, *T. foliacea* Rhamnose positiv. Vergleiche mit Referenzstämmen per PCR–RFLP–Analyse liegen nicht vor. Jedoch ist aufgrund der wenig schleimig aussehenden Kulturen auf Nähragar, wie dies für die Gattung *Tremella* typisch wäre (Rodrigues de Miranda & Bandoni, 1984), zu schließen, daß es sich bei den genannten drei endophytischen Isolaten um eine nicht pigmentierte Variante von *R. aurantiaca* handelte.

Taxonomische Einordnungen als Kombination aus der Idenitfizierung nach Barnett et al. (1990) und den Ergebnissen der PCR–RFLP–Analyse wurden mit einer weiteren Clusteranalyse präzisiert. Weil die molekularbiologischen Daten als solche keine Identifizierung ermöglichten, bildeten die nach klassischem Verfahren bestimmten Namen die Grundlage für ein zu verfeinerndes System. Dies wurde dadurch erreicht, daß für jeden untersuchten Stamm jeder vorgeschlagene Name (Tab. 3.3) berücksichtigt und mit dem gleichen Stellenwert gewichtet wurde wie alle molekularen Merkmale eines Isolates zusammen, d. h. der jeweilige Name entsprach 19 Gewichten gegenüber 19 einzelnen PCR–Daten. Nach der Ähnlichkeitsanalyse konnten aufgrund größerer Übereinstimmungen so auch die zunächst unsicher bestimmten 10 endophytischen Isolate sicher bestimmten Stämmen zugeordnet werden. In dem abschließenden Dendrogramm (Abb. 3.13) sind dadurch sowohl taxonomische Einordnungen wie sie nach der Barnett–Identifizierung erfolgten als auch intraspezifische Heterogenitäten aufgrund der PCR–RFLP–Daten ablesbar: Die Cluster A bis E entsprechen einer Einteilung wie sie durch die klassische Identifizierung vorgegeben wurde und zu der es mit der PCR–RFLP keine Widersprüche gab. Für Verschiedenheiten (v), die kleiner als 19 sind, lassen sich Unterschiede innerhalb der einzelnen Arten ablesen, die erst durch die PCR–Daten möglich wurden. Durch die beschriebene Gewichtung betrug die maximale Verschiedenheit $(v)_{max} = 38$. Zieht man eine Senkrechte auf dem Niveau $1/2\,(v)_{max} = 19$, so kreuzt diese 15 Linien des Diagrammes, die genau den 15 verschiedenen Artnamen der insgesamt 74 analysierten Hefen entsprechen. Als Endophyten konnten hierunter neun verschiedene Arten isoliert werden. Die Art *R. mucilaginosa* wurde als einer der beiden analysierten Epiphyten bestimmt, während weder zu den Referenzen von *C. flavus*, *C. humiculus* und *C. hungaricus* noch zu *U. maydis* bzw. *M. violaceum* unter den Isolaten aus Klee Ähnlichkeiten nachgewiesen wurden.

Nach klassischer Bestimmung waren Unterscheidungen innerhalb von Arten z. B. bei *C. albidus* oder *C. laurentii* nicht möglich bzw. blieben bei

R. aurantiaca oder *R. graminis* schwierig. Aufgrund der molekularen Daten sind jedoch gerade hier Differenzierungen zu fordern, wenngleich z. Z. noch weitere Informationen fehlen, um das taxonomische Niveau dieser Unterschiede als neue Arten oder lediglich als Unterarten bzw. Rassen bereits bekannter Arten genauer bestimmen zu können. Da endophytische Hefen aus Weißklee bislang mit den hier dargestellten Methoden nicht analysiert worden sind, ist nicht auszuschließen, daß es sich insbesondere bei den untereinander identischen Stämmen von *C. albidus*, *C. laurentii* oder *R. aurantiaca* auch um neu zu beschreibende Arten handeln könnte.

Abweichungen gegenüber Standardcharakterisierungen sind bei der Hefenidentifizierung häufig und müssen keinen großen taxonomischen Abstand bedeuten (Müller, 1989). Der Autor weist in diesem Zusammenhang darauf hin, daß bereits eine Punktmutation ausreichend sei, stoffwechselphysiologische Vorgänge zu verändern. Ein solcher Defekt könnte dazu führen, daß ein früher verwertbares Substrat nicht mehr genutzt werden kann bzw., daß plötzlich Wachstum auftritt, wo vorher keine Verwertung nachweisbar war. Entsprechendes gilt, wenn Erkennungssequenzen für Restriktionsenzyme bei der PCR–RFLP betroffen sind bzw., wenn Punktmutationen die Anlagerung von RAPD–Primern verhindern (Williams et al., 1990). Das Ergebnis der Amplifizierung würde dann ein anderes Fragmentmuster als das des nicht mutierten Stammes mit mehr oder weniger Banden zur Folge haben. Solche Unterschiede könnten auch Unterarten oder Rassen beschreiben, wie dies aufgrund der PCR–RFLP– und RAPD–Ergebnisse für die endophytischen Hefen aus Weißklee zu vermuten ist.

In der vorliegenden Studie wurde zur Gewinnung von Reinkulturen „in fallender Reihe“ ausgespatelt. Dabei geht man davon aus, daß einzeln stehende Kolonien jeweils aus einem einzigen Mikroorganismus hervorgegangen sind (Näveke & Tepper, 1982). Mit Abimpfungen dieser Kulturen wurden dann die morpho– und physiologischen sowie molekularbiologischen Untersuchungen zur Identifizierung durchgeführt. Es bleibt jedoch offen, ob Wachstum oder C-Quellenverwertung bzw. das Fehlen oder Vorhandensein einer Bande bei der PCR–Analyse typisch ist für die ganze Art, Unterart oder nur für das untersuchte Individuum, d. h. gegebenenfalls Mutante.

Anhand von Typstammbeschreibungen sind Arten charakterisiert. Da ständig neue Arten entdeckt oder geeignetere Merkmale genutzt werden, um eine neue Art abzugrenzen, können Irrtümer häufiger aufgeklärt werden (z. B. Weijman et al., 1988). Nach Kreger-van Rij (1984) wurden die beiden *Cryptococcus*–Vertreter *C. curvatus* und *C. humiculus* der Gattung *Candida* zugeordnet, Barnett et al. (1990) stellten sie zur Gattung *Cryptococcus*. Die Art *Rhodotorula rubra* ist mittlerweile unter *Rhodotorula mucilaginosa* zu finden (Barnett et al., 1990). Gerade für Hefen gibt es z. T. recht lange Synonymlisten. Als herausragend kann auch die Erkenntnis des Zusammenhanges zwischen Hauptfruchtform (HF) und Nebenfruchtform (NF) und damit die Entdeckungen von Hauptfruchtformen von Hefepilzen angesehen werden. Die Nebenfruchtform (auch Anamorph) *Rhodotorula glutinis* kann drei verschiedenen Hauptfruchtformen (auch Teleomorphe) zugeordnet werden: *Rhodosporidium diobovatum*, *R. sphaerocarpum* und *R. toruloides* (Kreger-van Rij, 1984). Häufig haben Hauptfruchtform und Nebenfruchtform verschiedene Gattungsnamen: *Bulleromyces albus* (HF) → *Bullera alba* (NF), *Sporidiobolus salmonicolor* (HF) → *Sporobolomyces salmonicolor* (NF). Solange keine zugehörige Hauptfruchtform eines Pilzes nachgewiesen ist, müßte man den Namen der Nebenfruchtform verwenden. Mittlerweile haben sich Stammsammlungen darauf geeinigt, eine Art, zu der eine Hauptfruchtform bekannt ist, unter eben diesem Namen zu listen, selbst wenn das Isolat als solches die Nebenfruchtform darstellt (Hoffmann, pers. Mitteilung, DSMZ, Braunschweig). Gerade für diese komplexe Thematik von Haupt– und Nebenfruchtformen sehen Vilgalys & Hester (1990) eine „kraftvolle" Anwendung der PCR–fingerprints, wie sie die kombinierte Methode von PCR und RFLP nennen. Hiermit können biologische Identitäten zwischen asexuellen und sexuellen Stadien im pilzlichen Lebenszyklus festgestellt werden. Es bestehen also gute Chancen in Zukunft mit diesen Verfahren viele der z. Z. in die Gruppe der Fungi imperfecti zusammengefaßten Arten entsprechenden Hauptfruchtformen zuordnen zu können.

Während der Identifizierungsarbeiten der Hefen aus Klee stellte sich die Frage, inwieweit es sich bei Ballistosporenbildnern, die nach mehreren Passagen in Kultur gegebenenfalls die Fähigkeit zur Ballistosporenbildung verloren haben, um fälschlich als *Cryptococcus* identifizierte Isolate handeln könnte. Der Hefestamm (8) hatte zunächst Ballistosporen gebildet. Später angelegte Kulturen, aus denen auch DNA–Extrakte für die PCR–Analysen gewonnen wurden, bildeten die charakteristische Sporenform nicht mehr aus. Sämtliche Bandenmuster, sowohl die nach dem PCR–RFLP– als auch nach dem RAPD–Verfahren erstellten, stimmten für alle als *Bullera alba* identifizierten Isolate gut überein und ließen sich deutlich von den *Cryptococcus*–Isolaten abgrenzen. Wenn auch noch weitere Bestätigungen nötig sind, läßt sich hieraus dennoch die Tendenz ableiten, daß PCR–Analysen geeignet sind, auch bei Ausbleiben oder Fehlen charakteristischer morphologischer Merkmale, taxonomische bzw. phylogenetische Zuordnungen sicherer zu treffen.

Auf die sinnvolle Ergänzung morphologischer und molekularbiologischer Charakteristika haben verschiedene Autoren hingewiesen. Stammbäume, die entweder auf morphologischen oder auf molekularbiologischen Daten allein beruhten, konnten z. B. bestimmte Gattungen nicht als Schwestergruppen darstellen. Erst in der simultanen Analyse von kombinierten Datenreihen verschiedener Herkunft sieht Harrington (1998) die beste Hypothese für Verwandtschaftsbeziehungen. Die von Tooley et al. (1996) mit der PCR–RFLP–Technik vorgenommene Einteilung von Phytophthora – Arten in Gruppen entsprach der Einteilung nach morphologischen Kriterien. Die Autoren stuften das molekularbiologische Verfahren deshalb neben der Morphologie als nützlich zur Pilzbestimmung ein. Auch Blanz & Döring (1995), die gute Übereinstimmungen z. B. zwischen DNA–DNA–Hybridisierung und PCR–RFLP–Analysen in der Gattung *Exobasidium* gefunden hatten, halten die PCR–Technik für geeignet zur Artenunterscheidung, meinen jedoch, daß das Verfahren nicht als einziges

Kriterium angewendet werden sollte.

In der vorliegenden Studie wurde deutlich, daß die morphologischen und physiologischen Daten für eine eindeutige Identifizierung einiger endophytischer Hefen nicht ausreichten. Clusteranalysen mit den Ergebnissen der PCR–RFLP zeigten aber, daß molekularbiologische Methoden allein bislang noch zu wenig aussagekräftig sind. Es müssen standardisierte Verfahren gewährleistet sein und entsprechende Referenzdatenbanken sollten für Vergleichszwecke erstellt werden. Während Sequenzanalysen z. Z. immer noch teuer und langwierig sind, bieten PCR–Techniken die Möglichkeit, weitere Informationen über zu analysierende Organismen zu erhalten. Gleichwohl sollte bei keiner einzusetzenden Methode auf bereits bekanntes verzichtet werden. Denn wenn in der Literatur z. B. als besonderer Vorzug der RAPD beschrieben wird, daß keine weiteren molekularbiologischen Informationen wie Sequenzdaten nötig seien, um Amplifikationsprodukte erzeugen zu können (Welsh & McClelland, 1990), darf dies nicht zu dem Irrglauben führen, es wären überhaupt keine Informationen über die zu untersuchenden Organismen nötig.

Bandenmuster lassen sich in den allermeisten Fällen und aus kleinsten DNA–Mengen erzeugen, einzig deren Bedeutungen werfen neue Fragen auf. So wurden in der vorliegenden Untersuchung mit der RAPD–Analyse der Endophyten aus Klee z. T. solche komplexen Muster erzeugt, daß deren Interpretation schwierig blieb, obwohl es sich bei allen Isolaten um Basidiomycetenhefen handelte. Bereits im Rahmen der Problematik von Standardcharakterisierungen und Mutationen wurde darauf hingewiesen, daß das Fehlen oder Vorhandensein einzelner Banden nur selten gesamten Arten oder Unterarten zugeordnet werden konnte, sondern meistens für Individuen typisch war. Es ist daher für Identifizierungsarbeiten eine schrittweise Präzisierung der Fragestellung zu fordern, die sinnvollerweise mit der klassischen Bestimmung beginnen und danach mit PCR–Techniken ergänzt werden sollte. Reichen diese Verfahren nicht aus, sollten Sequenzierungen angeschlossen werden (Abb. 3.6).

Abschließend sei noch einmal darauf hingewiesen, daß für Identifizierungen zu Vergleichszwecken immer Informationen von bereits bekannten Organismen herangezogen werden. Handelt es sich, wie in der vorliegenden Studie, um Arten, die gegebenenfalls noch nicht beschrieben sind, so müssen Normen, nach denen neue Arten definiert werden, stets mit der zunehmenden Zahl an Daten und Erkenntnissen erweitert werden bzw. können Abgrenzungen nur solange Bestand haben bis neue Hinweise eine Differenzierung ermöglichen.

4.4 Nachweise, Endophyten im Pflanzeninneren

Definitionsgemäß versteht man unter Endophyten Pilze oder Bakterien, die während ihres gesamten oder eines Teils ihres Lebenszyklus inneres Pflanzengewebe besiedeln, ohne sichtbare Schadsymptome zu verursachen (Petrini, 1991, Chanway, 1996). In den vorangegangenen Kapiteln wurde ausführlich auf die Identifizierung isolierter endophytischer Pilze eingegangen, aber auch die Problematik der Isolierung als solche kritisch diskutiert. Identifizierungen lassen keine Aussagen zur Lokalisation im Pflanzengewebe zu, solange sie, wie in der vorliegenden Untersuchung, an Isolaten, also über indirekte Nachweisverfahren erfolgen. Um gesichert feststellen zu können, daß Mycel- und Hefepilze tatsächlich im Inneren der zu untersuchenden Pflanzen vorkommen, sollten direkte Nachweismethoden mittels Färbungen oder Markierungen und Mikroskopie angewandt werden (Dickinson, 1971; Andrews & Kenerley, 1978; Viret et al., 1993; Suske & Acker 1989).

4.4.1 Wie gelangen Hefen in Pflanzen?

Offen blieb bisher die Klärung des Infektionsmodus von Hefen in Pflanzen. Dagegen sind die Infektionswege von humanpathogenen Hefen gut bekannt, z. B. von der weit verbreiteten *Candida albicans*, ein Saprophyt, der unter bestimmten Umständen pathogen werden kann und auf gesunder Haut und Schleimhäuten vorkommt, oder von *Cryptococcus neoformans*, ein pathogener Saprophyt, welcher über das Respirationsystem ins Innere gelangt und dann Mycosen auslöst (Wiesmann, 1978). Über phytopathogene Hefen und deren Infektionsstrategien findet man in der Literatur kaum Angaben. Genannt werden lediglich *Nematospora* und *Ashbya*, ein hefeähnlicher Pilz (Christiansen & Stenderup, 1981; Phaff & Starmer, 1987). Beide gelten, verglichen mit anderen phytopathogenen Pilzen als milde, Stigmatomycosen verursachende Pathogene.

Nach einfachen Färbungen mit milchsaurem Anilinblau konnten in der vorliegenden Studie an Freilandpflanzen mehrfach Hefezellen in Spaltöffungen liegend beobachtet werden. Hefezellen gehören zu den Organismen, die keine Infektionsstrukturen wie Appressorien bzw. Penetrationshyphen ausbilden, daher bieten die Stomata als natürliche Eintrittspforten eine Möglichkeit zur Besiedelung des Pflanzeninneren.

In axenisch angezogenen Kleepflanzen konnten trotz massiven Besprühens mit Hefezellsuspensionen (Konzentrationen ca. 10^6 Zellen/ml) nach bis zu 12 Tagen Inkubation mikroskopisch weder in Atemhöhlen noch im Blattgewebe Hefezellen nachgewiesen werden. Bei der hohen Luftfeuchtigkeit innerhalb der Anzuchtstöpfe, am Deckel und an den Seitenwänden hatte sich Kondenswasser gebildet, müßten viele Hefezellen auf geöffnete Spaltöffnungen getroffen sein. Möglicherweise hat die hohe Feuchte dazu geführt, daß viele Hefezellen durch ablaufende Tropfen fortgespült worden sind. Wenn dadurch nur ein verschwindend kleiner Teil des Inokulums überhaupt in die Spaltöffnungen gelangt ist, würde dies erklären, weshalb durch Anfärben inokulierter, oberflächensterilisierter Blätter ein durchlichtmikroskopischer Nachweis von Hefezellen nicht gelang. Eine weitere Ursache für schwache Färbungsergebnisse liefern Phillips & Hayman (1970), die feststellten, daß Pilzstrukturen in mit Hypochlorid gebleichten Wurzeln kaum gefärbt wurden. In der vorliegenden Untersuchung waren die Blätter mit Natriumhypochlorid oberflächensterilisiert worden, so daß möglicherweise Endophyten, insbesondere Hefen, aufgrund schlechter Färbung nicht erkannt wurden.

Epiphytische Hefen besiedeln Blattoberflächen stärker, wenn natürliche Nährstoffquellen wie Honigtau oder Pollen vorliegen (Dik et al., 1992). Dies war bei der axenischen Anzucht von Klee jedoch nicht gegeben. Häufig werden bei künstlichen Inokulationen zusätzlich Saccharose und Hefeextrakt gegeben (Fokkema, 1981), was den Infektionserfolg erhöhen könnte, da durch die Etablierung einer Oberflächenbesiedelung Infektionen mit Hefezellen über die Stomata erleichtert werden.

Parallel zur Mikroskopie waren von axenisch angezogenen Pflanzen inokulierte und sterilisierte Blätter auf Nähragar ausgelegt worden, woraus sich die jeweiligen Hefen wieder isolieren ließen. Mit dieser indirekten Methode konnte eine Reinfektion von Hefen somit als erfolgreich bewertet werden. Die Beobachtungen unterstützen so die These, daß die Bleichlaugenbehandlung den mikroskopischen Nachweis endophytischer Hefen erschwert haben könnte.

Einen anderen Weg zur Infektion bieten Verletzungsstellen an der Wirtspflanze durch Bruch oder Fraßschäden. Die Wunde stellt eine Öffnung dar, aus der gleichzeitig auch noch Nährstoffe austreten. So hält man es für sehr wahrscheinlich, daß die Eiablage von Insekten im Schleimfluß von Bäumen verantwortlich gemacht werden kann für die Übertragung von Hefepilzen, die dort ihren Entwicklungszyklus beenden (Phaff & Starmer, 1987). Nicht auszuschließen ist zudem, daß sich Hefen über Vektoren, z. B. saugende Insekten, ins Pflanzeninnere transportieren lassen (Christiansen & Stenderup, 1981). Fokkema et al. (1979) konnten mit ihren Ergebnissen hingegen keinen Hefen–Transfer von älteren zu jüngeren Weizenblättern feststellen. Demnach waren nur ältere Blätter infiziert und es wäre zu vermuten, daß Zellvermehrung im Pflanzeninneren nicht und ein Transport mit dem Transpirationsstrom nur sehr langsam oder gar nicht stattgefunden haben.

4.4.2 Mikroskopie

Endophyten sind durch mikroskopische Techniken häufig nur schwer nachzuweisen, da sie im Inneren von Pflanzengewebe oft nur in sehr begrenzten Arealen vorkommen (Stone, 1987; Cabral et al., 1993). Schadsymptome sind äußerlich nicht sichtbar, so daß eine gezielte Suche nach pilzlichen Strukturen in den meisten Fällen nicht möglich ist. Bislang liegen in der Literatur ausschließlich Untersuchungen zur Lokalisation von endophytischen Mycelpilzen vor, wobei z. T. verschiedene Infektionsstrategien beobachtet worden sind. Bereits 1977 wurden im Nadelparenchym der Douglastanne interzelluläre pilzliche Hyphen nachgewiesen und man vermutete, daß mehr als eine Pilzart in einer einzelnen Nadel vorkommen könne (Bernstein & Carroll, 1977). Inzwischen weiß man, daß tatsächlich viele verschiedene Pilze in einer einzigen Nadel oder einem Blatt und sogar verschiedene Genotypen einer Endophytenart existieren können (McCutcheon et al., 1993; Stone & Petrini, 1997). Für *Rhabdocline parkeri*, einen häufig anzutreffenden Endophyten der Douglastanne, fand Stone (1987) Penetrationshyphen mit einem Durchmesser von nur 0,6 μm und eine Begrenzung der Infektion auf eine einzelne Epidermiszelle. Ebenfalls mit sehr feinen Penetrationshyphen dringt der Endophyt *Discula umbrinella* in Buchenblätter ein und bildet subkutikuläre Infektionen (Viret & Petrini, 1994). In längs aufgeschnittenen Nadeln von *Picea abies* wiesen Suske & Acker (1987) rasterelektronenmikroskopisch Hyphen von *Lophodermium picea* inter– und intrazellulär nach. Mit immunologischen Methoden konnten sie diesen Befund bestätigen (Suske & Acker, 1989). Substomatäre Infektionen fanden Cabral et al. (1993) für *Alternaria alternata* und *Cladosporium cladosporioides* in *Juncus effusus*, während *Stagonospora innumerosa* in demselben Wirt bzw. *Drechslera sp.* in *J. bolanderi* nur einzelne Epidermiszellen besiedeln.

Wenn keine Pilzstrukturen im Klee detektiert werden konnten, waren im untersuchten Freilandmaterial vielleicht tatsächlich keine Pilze vorhanden. Andererseits konnte durch Auslegen sterilisierter Pflanzenstückchen auf Nähragar für mehr als 50 % aller Segmete z. T. sogar Mehrfachinfektionen, d. h. das Vorhandensein von Endophyten, nachgewiesen werden. Folglich war erwartet worden, pilzliche Strukturen erkennen zu können. Die sich auf die Mikroskopie negativ auswirkende NaOCl–Behandlung des Blattmaterials ist bereits als Ursache diskutiert worden. Mycelpilze sind mit Fluoreszenzfärbeverfahren ausschließlich epiphytisch detektiert worden. Götz (pers. Mitteilung, TU Braunschweig) fand besonders dünne und eng an pflanzlichen Zellwänden anliegende Hyphen bei Endophyten und Pathogenen mit längerer Latenzzeit. Da auch die Pflanzenzellwände nach der Anilinbehandlung grünlich fluoreszierten, sind im Klee möglicherweise Mycelien mit dieser Färbung nicht erkannt worden, zumal keine Schnitte angelegt wurden. Erfolgreiche Nachweise von endophytischen Hyphen in reinfizierten Wurzeln von *Larix* bzw. *Hordeum* gelangen Römmert (1996) und Dammann (1997). Es ist daher davon auszugehen, daß die per indirekter Nachweisverfahren detektierten endophytischen Mycelpilze gegebenenfalls mit anderen Techniken hätten dargestellt werden können.

Hefen innerhalb von Blättern unbehandelter, d. h. nicht oberflächensterilisierter Freilandpflanzen mit milchsaurem Anilinblau bzw. Trypanblau in Lactoglycerin gefärbt nachzuweisen, gestaltete sich jedoch schwierig: Sowohl die Wirtschloroplasten als auch die nahezu gleich großen Hefezellen waren blau angefärbt und konnten deswegen nicht sicher differenziert werden. Die daraufhin eingesetzten Vital– bzw. Kernfärbungen an oberflächensterilisertem Klee waren verglichen mit der Eigenfluoreszenz des Chlorophylls zu schwach, um Hefen detektieren zu können. Ein Nachweis endophytischer Hefen gelang jedoch für oberflächensterilisiertes Freilandmaterial mit basischem Anilinblau (z. B. Abb. 3.21). Die Vorbehandlung des zu untersuchenden Materials mit 1 M KOH verstärkte die Fluoreszenzwirkung des Anilinblaus erheblich: Trotz Eigenfluoreszenz des Pflanzenmaterials bewirkte das eingesetzte Färbeverfahren einen guten Kontrast zum Wirtsgewebe, im Gegensatz zu den Färbungen mit DAPI oder FDA. Neben der Möglichkeit, das Probenmaterial über Monate in 1 M KOH aufzubewahren, konnten Gesamtproben ohne Schnitttechniken allein durch Fokussieren untersucht werden. Wenn es auch keine für alle Pflanze–Pilz–Systeme gleichermaßen geeignete Färbemethode gibt bzw. für jedes System Standardisierungen nötig sein werden, um optimale Ergebnisse zu erhalten, so konnten doch durch die KOH–Anilinblau–Behandlung in der vorliegenden Untersuchung Hefezellen erfolgreich im Interzellularraum von *Trifolium repens* aus dem Freiland nachgewiesen werden. Verglichen mit dem Palisadenparenchym wurden Hefen häufiger im Bereich des Schwammparenchyms erkannt. Diese Beobachtung paßt zu den Ergebnissen von Stone (1995), der für *Rhabdocline parkeri* in abaxialen Blattzellen der Douglastanne eine höhere Infektionsdichte als in adaxialen nachgewiesen hat. Allerdings kann der Mycelpilz aktiv penetrieren, während ein häufigeres Antreffen von Hefezellen im unteren Blattbereich möglicherweise als Hinweis gewertet werden kann, daß die Besiedelung über Stomata, welche zahlreicher in der unteren Epidermis sind, stattfindet. Diese Vermutung müßte mit weiteren Reinfektionstests überprüft werden.

Prozentuale Auswertungen zur Infektionsdichte endophytischer Hefen im Klee wurden nicht vorgenommen, da z. Z. noch zu wenig Datenmaterial vorliegt. Zudem erlauben Arbeiten mit Freilandmaterial als natürliche Systeme keine Aussagen zu parallelen Versuchsansätzen. Um die Wahrscheinlichkeit zu erhöhen, überhaupt endophytische Pilze im Klee entdecken zu können, wurden einzelne Blattfiedern geteilt (Kap. 3.5.3). Für die Fluoreszenzfärbung wurden bevorzugt solche Fiederhälften ausgewählt, für deren anderer Teil durch Auslegen auf Nähragar bereits Endophyten, insbesondere auch Hefen, nachgewiesen werden konnten. Suske & Acker (1987) setzten dieses Verfahren zur indirekten Identifizierung ein. Sie wiesen *Lophodermium picea* im rasterelektronenmikroskopischen Bild nach, indem sie per Korrespondenz mit den anderen Nadelhälften, die auf Nähragar ausgelegt worden waren, in fast allen Fällen diesen Pilz bestimmen konnten.

Ein vermuteter Transport von Mikroorganismen über den pflanzlichen Transpirationsstrom konnte in Klee mit den eingesetzten Verfahren nicht nachgewiesen werden: mit DAPI gefärbte Hefezellen wurden von abgeschnittenen und in eine wäßrige Suspension getauchten Blättern axenisch angezogenen Klees nicht oder mittels Fluorenszenzmikroskopie nicht nachweisbar in die Blattspreiten transportiert. Auch die aus mehreren oberflächensterilisierten Blattstielen (Freilandmaterial) gewonnene Apoplastenflüssigkeit enthielt keine auf Nähragar wachsenden Hefezellen. Da jedoch durch Fluoreszenzfärbung Hefezellen im Interzellularraum nachgewiesen werden konnten, z. B. Abb. 3.20 und 3.21, ist es wahrscheinlich, daß die im Gegensatz zu Bakterien recht großen Hefezellen mittels Zentrifugation nicht herausgeschleudert wurden. Beobachtungen an oberflächensterilisierten Stengeln von Disteln und Petersilie zeigten, daß Hefen bevorzugt aus dem Inneren längsgeschnittener Segmente auswuchsen (Schulz, pers. Mitteilung, TU Braunschweig). Dies kann als weiteres Indiz dafür angesehen werden, daß Hefen sich im Interzellularraum von Pflanzen aufhalten.

Während der Suche nach pilzlichen Strukturen aus Freilandpflanzen fiel auf, daß außen an den Kleeblättern sowohl auskeimende Sporen als auch Mycel gut sichtbar waren (Abb. 3.19). In keinem Fall jedoch sind Mycelstrukturen im Inneren der Pflanzen erkannt worden. So gibt das Fehlen sichtbarer Mycelien im

Inneren der Pflanzen Anlaß zur Hypothese, daß dimorphe Pilze endophytisch in ihrer Hefeform existieren könnten. Möglicherweise stellt die endophytische Lebensweise als Hefe auch eine Überlebensstrategie von Pathogenen wie z. B. Vertretern der Ustilaginales in Nicht–Wirten dar. Zwar konnten unter den 54 getesteten Hefeisolaten aus Klee keine *Ustilago*– Vertreter nachgewiesen werden, dies könnte seine Ursache aber auch darin haben, daß gerade zu Beginn der Isolierungsschritte einige Hefen sich nicht weiter kultivieren ließen.

4.5 Ausblick

Die Untersuchungen zu endophytischen Pilzen aus *Trifolium repens* haben gezeigt, daß sich aus dieser weltweit anzutreffenden Leguminose sowohl Mycel– als auch Hefepilze zahlreich isolieren lassen. Künftige Analysen sollten die Hypothese prüfen, inwieweit Pilze endophytisch in Nichtwirten als Hefen existieren, wobei sie durch das Aufeinandertreffen der entsprechenden Paarungstypen auf kompatiblen Wirten wieder ein Mycel bilden und dadurch pathogen werden könnten. Gegebenenfalls stellt die Fähigkeit des endophytischen Wachstums als Hefe für Pilze eine zusätzliche Strategie dar, um ungünstige Lebensumstände außen am Blatt zu überdauern, indem eine neue Besiedelung der Oberflächen von innen erfolgen könnte. Hierzu gilt es z. B. gezielt nachzuweisen, daß dieselben Stämme sowohl epi– als auch endophytisch existieren, ob Vermehrung innerhalb von Pflanzen stattfinden oder ob Besiedelungen als zufällig einzustufen sind.

Neben indirekten Nachweisen im Inneren von Pflanzengewebe existierender Pilze sollte verstärkt nach direkten Verfahren gesucht werden, die Aussagen zur Infektionsdichte von Endophyten in ihrem Wirt ermöglichen. Eine Grundlage hierfür könnte das in der vorliegenden Studie erfolgreich eingesetzte und wenig technischen Aufwand erfordernde Färbeverfahren mit basischem Anilinblau sein. Ganz neue Möglichkeiten eröffnen die zunehmend eingesetzten molekularbiologischen Verfahren: Für häufig in einer Wirtspflanze nachzuweisende Endophyten, sog. Leitendophyten, ließen sich spezifische Primer konstruieren, die einen gezielten Nachweis des Pilzes im aufgearbeiteten Pflanzenmaterial zulassen. Vielversprechend ist auch der Einsatz von *In–situ*–Hybridisierungen und modernen Visualisierungstechniken, wie z. B. Konvokal–Mikroskopie, um die Lokalisierung von Mikroorganismen in ihren Wirten zu bestimmen.

Die Entdeckung endophytischer Hefen führt zu neuen Fragen und gegebenenfalls auch interessanten Einsatzmöglichkeiten. Es liegen z. B. Erkenntnisse vor, daß mit Hilfe von *Sporobolomyces roseus* oder *Cryptococcus laurentii*, beide wurden in der vorliegenden Arbeit als Endophyten aus Klee isoliert, Lagerfäulen an Äpfeln z. T. drastisch reduziert werden konnten (Roberts, 1990; Janisiewicz et al., 1994). Außerdem kennt man seit längerem sowohl bei den Asco– als auch bei den Basidiomycetenhefen das Phänomen der Killersensitivität. Im Bereich der Humanmedizin gelang es, die Wirksamkeit eines *Cryptococcus laurentii*– Toxins gegen einen klinischen Stamm von *C. neoformans* nachzuweisen. Golubev & Boekhout (1995) diskutieren die Sensitivität als taxonomisches Merkmal für Basidiomycetenhefen.

Zusätzlich zu Fragestellungen zum Vorkommen, zur Vermehrung oder zur Bedeutung von Hefepilzen im Inneren von Pflanzen hat die vorliegende Untersuchung wichtige Erkenntnisse und Problematiken in der Hefetaxonomie aufgezeigt: Zum einen wurde deutlich, daß es bislang zur eindeutigen Identifizierung noch kaum geeignete Referenzstämme in den Stammsammlungen gibt. Zum anderen fordert der Einsatz molekularbiologischer Techniken eine Überarbeitung der bisher nach klassischen Methoden bestimmten Artendifferenzierung. Viele Vertreter der Deuteromycetes sind vermutlich entsprechenden Hauptfruchtformen zuzuordnen, selbst, wenn morphologische Merkmale nicht ausgeprägt oder untypisch sind. Je mehr Daten vorliegen, desto präziser kann eine Identifizierung und damit letztendlich die Einordnung in ein phylogenetisches System erfolgen. Zudem kann mit Hilfe der PCR–Technik bei genügend vorliegenden Daten die tatsächliche Zahl existierender Pilze abgeschätzt werden, insbesondere auch der nichtkultivierbaren Endophyten, ähnlich wie Suzuki et al. (1997) dies für Bakterien einer Wasserprobe bestimmten. Die Einstellung geeigneter Datenbanken bedeutet somit neben der klassischen Merkmalseinordnung eine große Herausforderung für die Zukunft.

5 Zusammenfassung

Aus etwa der Hälfte aller ausgelegten Blatt– und Stielsegmente von *Trifolium repens* L. konnten nach optimierter Oberflächensterilisation endophytische Mycel– und Hefepilze isoliert werden. Taxonomische Einordnungen der Mycelpilze erfolgten anhand morphologischer Eigenschaften, während bei den Hefen zusätzlich physiologische und molekularbiologische Tests eingesetzt wurden. Mit Hilfe von Fluoreszenzfärbung gelang es, endophytische Hefen im Inneren des Wirtsgewebes nachzuweisen.
Folgende Ergebnisse lassen sich aus der vorliegenden Untersuchung zusammenfassen:

- Es konnten an allen Standorten zu jedem untersuchten Zeitpunkt Endophyten aus Klee isoliert werden.
- Insgesamt umfaßte das Spektrum der aus Weißklee isolierbaren endophytischen Pilze mehr als 50 verschiedene Arten, wobei auch mehrere Arten in demselben Blatt gefunden wurden.
- Die identifizierten Mycelpilze gehörten innerhalb der Ascomycetes und Deuteromycetes 20 unterschiedlichen Gattungen an, wobei 36 verschiedene Arten vertreten waren. Nicht sporulierende Mycelien wurden elf verschiedenen morphologischen Typen zugeordnet.
- Mit 30 % aller Endophyten wurden *Leptosphaerulina trifolii* und mit 8 % *Colletotrichum trifolii*/*C. truncatum* am häufigsten isoliert.
- Bei etwa 20% der isolierten, endophytischen Pilze handelte es sich um hefig wachsende Stämme, die licht– und rasterelektronenmikropisch allein nicht identifiziert werden konnten.
- Mit morphologischen und physiologischen Tests konnte für alle 54 endophytischen Hefeisolate ihre Zugehörigkeit zu den Basidiomycetenhefen bestimmt werden.
- Anhand morpho– und physiologischer Merkmale wurden 44 von 54 Hefestämmen identifiziert.
- Für die ITS–Region einschließlich des 5,8 S rDNA Gens der untersuchten Hefen wurden Längen mit durchschnittlich 500 bp bis 800 bp bestimmt.
- Stämme, die nach klassischer Identifizierung einer Art angehörten, sind in vielen Fällen bezüglich ihrer PCR–Daten verschiedenen Unterarten oder gegebenenfalls neuen Arten zuzuordnen.

- Da Vergleichsdaten derzeit nicht existierten, war eine Identifizierung endophytischer Hefen allein mittels PCR–Analysen nicht möglich.

- Die Hefen aus *Trifolium repens* wurden aufgrund morphologischer, physiologischer und molekularbiologischer Merkmale den vier Gattungen *Bullera*, *Cryptococcus*, *Rhodotorula* und *Sporobolomyces* mit insgesamt neun Arten zugeordnet.

- Axenische Kleepflanzen wurden erfolgreich mit endophytischen Pilzen reinfiziert.

- Mit basischer Anilinblau–Färbung wurden erstmals Hefezellen im pflanzlichen Interzellularraum lokalisiert.

6 Summary

Both yeasts and filamentous fungi were isolated as endophytes following surface sterilization of clover (*Trifolium repens*). The filamentous fungi were taxonomically classified solely on the basis of morphological attributes, physiological and molecular biological characteristics were additionally used for classifying the yeast isolates. Fluorescent microscopy enabled the detection of the yeasts within the host tissue.

- Endophytes were isolated from clover from all 6 locations and at each of the sampling times. An average of 50 % of the examined segments were infected.
- The spectrum of endophytic isolates included fungi from over 50 species, segments in some cases containing several species/segment.
- Axenically cultivated host plants could be successfully reinfected with the endophytic isolates.

Filamentous endophytes:

- The identified isolates of the filamentous fungi belonged to 20 genera comprising 37 species within the Ascomycetes and Deuteromycetes. The Mycelia sterila were assigned to 11 morphotypes.
- The most frequent isolated endophytic species of clover were *Leptosphaerulina trifolii* (30 %) and *Colletotrichum trifolii/C. truncatum* (8 %).

Endophytic yeasts:

- Approximately 20 % of the isolated endophytes were yeasts. They could not be identified using light and transmission microscopy solely on the basis of their morphological characteristics.
- Using both morphological and physiological attributes, all 54 endophytic yeasts studied were determined to be basidiomycetous yeasts.
- The length of the ITS regions, including the 5.8 S rDNA genes, was between 500 bp and 800 bp.
- The results obtained using PCR techniques suggest that strains which have previously been identified as belonging to one species should be reassigned to subspecies or in some cases new species.
- Identification solely on the basis of PCR analyses was not possible due to lack of reference material, i.e. yeasts genomic data banks.

- The yeasts from *Trifolium repens* were assigned to nine species of the genera *Bullera*, *Cryptococcus*, *Rhodotorula* and *Sporobolomyces* using morphological, physiological and molecular biological attributes.
- Yeast cells were visualized for the first time intercellularly within the host by staining with KOH aniline blue.

The present investigation makes an important contribution to yeast mycology,

- by documenting the endophytic and intracellular occurence of yeasts within the host *Trifolium repens*, and
- by classifying them taxonomically using morphological, physiological and molecular biological methods.

Literaturverzeichnis

Albee, S.R., Mueller, G.M. & Kropp, B.R. (1996): Polymorphisms in the large intergenic spacer of the nuclear ribosomal repeat identify *Laccaria proxima* strains. Mycologia 88: 970-976

Allan, E. (1991): Plant cell culture. In: Plant cell and tissue culture. Stafford, A. & Warren, G. (eds.), Redwood Press, Great Britain: 1-24

Andrews, J.H. (1992): Biological control in the phyllosphere. Annual Revue of Phytopathology 30: 603-35

Andrews, J.H. & Kenerley, C.M. (1978): The effects of a pesticide program on non-target epiphytic microbial populations of apple leaves. Canadian Journal of Microbiology 24: 1058-1072

Arachevaleta, M., Bacon, C.W., Hoveland, C.S. & Radcliffe, D.E. (1989): Effect of the tall fescue endophyte on plant response to environmental stress. Agronomy Journal 81: 83-90

Arx, J.A. von (1981): The genera of fungi sporulating in pure culture. Cramer, Vaduz

Balster, B. (1994): Isolierung von endophytischen Pilzen aus Schmetterlingsblütlern (Fabaceae) und ihre Überprüfung auf biologisch aktive Sekundärmetabolite. Diplomarbeit, TU Braunschweig

Barklund, P. & Rowe, J. (1983): Endophytic fungi in Norway spruce — possible use in bioindication of vitality. Aquilo Series Botanicae 19: 228-232

Barnett, H.L. (1960): Illustred genera of imperfect fungi, 2nd ed., Burgess Publishing Company, Minneapolis

Barnett, J.A., Payne, R.W. & Yarrow, D. (1990): Yeasts: Characteristics and identification, 2nd ed.; Yeasts identification PC Program, version 2, Cambridge University Press

Barron, G.L. (1968): The genera of hyphomycetes from soil. Krieger Publishing Company, Huntington, New York

Bary, A. de (1866): Morphologie und Physiologie der Pilze und Flechten und Myxomyceten.
Handbuch zur physiologischen Botanik, 2. Bd., Engelmann, Leipzig

Bausch, T. & Opitz, O. (1992): PC-gestützte Datenanalyse mit Fallstudien aus der Marktforschung. Verlag Franz Vahlen, München

Bayman, P., Lebrón, L.L., Tremblay, R.L. & Lodge, D.J. (1997): Variation in endophytic fungi from roots and leaves of *Lepanthes* (Orchidaceae). New Phytologist 135: 143-149

Beltau, M. (1998): Einfluß unterschiedlicher Klimastrategien auf die Epi- und Endophytenflora von Fuchsien in Unterglaskulturen. Diplomarbeit, TU Braunschweig

Bernstein, M.E. & Carroll, G.C. (1977): Internal fungi in old-growth Douglas–fir foliage. Canadian Journal of Botany 55: 644-653

Bills, G.F. & Polishook, J.D. (1991): Microfungi from *Carpinus caroliniana*. Canadian Journal of Botany 69: 1477-1482

Bills, G. (1996): Isolation and analysis of endophytic fungal communities from woody plants. In: Endophytic fungi in grasses and woody plants. Redlin, S.C. & Carris, L.M. (eds.), American Phytopathological Society, St. Paul, Minnesota: 87-100

Blanz, P. & Döring, H. (1995): Taxonomic relationships in the genus *Exobasidium* (Basidiomycetes) based on ribosomal DNA analysis. Studies in Mycology 38: 119-127

Boyle, C. & Friedrich, S.(1998): Biologie von *Botrytis cinerea* und Einfluß der mikrobiologischen Begleitflora in Fuchsienkulturen und deren epidemiologische Relevanz. Mitteilungen aus der Biologischen Bundesanstalt für Land- und Forstwirtschaft, - Berlin-Dahlem - 51. Pflanzenschutztagung, Halle/Saale, Heft 357: 306

Boyle, H. (1996): Aspekte der Makromycetenflora dreier Erlenbrücher Norddeutschlands und vergleichende PCR/RFLP–Analyse ausgewählter ectomycorrhizialer Mycobionten. EcoSys, Beiträge zur Ökosystemforschung, Suppl. Bd. 10, Kiel

Brandenburger, W. (1985): Parasitische Pilze an Gefäßpflanzen in Europa. Gustav Fischer Verlag, Stuttgart, New York

Breitenbach, J. & Kränzlin, F. (1981): Pilze der Schweiz. Bd. 1: Ascomyceten. Verlag Mycologia, Luzern

Bruehl, G.W. Kaiser, W.J. & Klein, R.E. (1994): An endophyte of *Achnatherum inebrians*, an intoxicating grass of northwest China. Mycologia 86: 773-776

Buscot, F., Wipf, D., Battista, C. di, Munch, J.-C., Botton, B. & Martin, F. (1996): DNA polymorphism in morels: PCR/RFLP analysis of the ribosomal DNA spacers and microsatellite-primed PCR. Mycological Research 100: 63-71

Butin, H. (1986): Endophytische Pilze in grünen Nadeln der Fichte (*Picea abies* Karst.). Zeitschrift für Mykologie 52: 335-346

Cabral, D., Stone, J.K. & Carroll, G.C. (1993): The internal mycobiota of *Juncus spp.*: microscopic and cultural observations of infection patterns. Mycological Research 97: 367-376

Carmichael, J.W., Kendrick, W.B., Conners, I.L. & Sigler, L.(1980): Genera of Hyphomycetes. The University of Alberta Press, Alberta

Carroll, F.E., Müller, E. & Sutton, B.C.(1977): Preliminary studies on the incidence of needle endophytes in some European Conifers. Sydowia 29: 87-103

Carroll, G.C. (1986): The biology of endophytism in plants with particular reference to woody perannïales. In: Microbiology of the phyllosphere. Fokkema, N.J. & Heuvel, J. van den (eds.), Cambridge University Press, Cambridge: 205-222

Carroll, G.C. (1988): Fungal endophytes in stems and leaves: from latent pathogen to mutualistic symbiont. Ecology 69: 2-9

Carroll, G.C. & Carroll, F.E. (1978): Studies on the incidence of coniferous needle endophytes in the Parcific Northwest. Canadian Journal of Botany 56: 3034-3043

Carroll, G.C. & Petrini, O. (1983): Patterns of substrate utilization by some fungal endophytes from coniferous foliage. Mycologica 75: 53-63

Cesarone, C.F. (1979): Improved microfluorometric DNA determination in biological material using 33258 Hoechst. Analytical Biochemistry 100: 188-197

Chanway, C.P. (1996): Endophytes: they´re not just fungi. Canadian Journal of Botany 74: 321-322

Chapela, I.H., Petrini, O. & Hagmann, L. (1991): Monolignol glucosides as specific recognition messengers in fungal-plant symbiosis. Physiological and Molecular Plant Pathology 39: 289-298

Chapela, I.H., Petrini, O. & Petrini, L.E. (1990): Unusual ascospore germination in *Hypoxylon fragiforme*: first steps in the establishment of the endophytic symbiosis. Canadian Journal of Botany 68: 2571-2575

Christiansen, C. & Stenderup, A. (1981): Pathogenic yeasts. In: Molecular genetics in yeast. Wettstein, D. von, Stenderup, A., Kielland–Brandt, M. & Friis, J. (eds.), The Alfred Benzon Foundation, Munksgaard, Kopenhagen

Clark, E.M., White, J.W. & Patterson, R.M. (1983): Improved histochemical techniques for the detection of *Acremonium coenophialum* in tall fescue and methods of in vitro culture of the fungus. Journal of Microbiological Methods 1: 149-155

Clark, G. (1981): Staining Procedures. 4th ed, Williams & Wilkins, London

Clay, K. (1988): Fungal endophytes of grasses: A defensive between plants and fungi. Ecology 69: 10-16

Clay, K. (1989): Clavicipitaceous endophytes of grasses: their potential as biocontrol agents. Mycological Research 92: 1-12

Clay, K. (1993): The ecology and evolution of endophytes. Agriculture, Ecosystems & Environment 44: 39-64

Cole, G.T. & Nozawa, Y. (1981): Dimorphism. In: Biology of conidial fungi. Cole, G.T. & Kendrick, B. (eds), Vol. 1: 97-133

Cunningham, P.J., Foot, J.Z. & Reed, K.F.M. (1993): Perennial ryegrass (*Lolium perenne*) endophyte (*Acremonium lolii*) relationships: the australian experience. Agriculture, Ecosystems & Environment 44: 157-168

Dammann, U. (1997): Endophytische Pilze der Sommergerste (*Hordeum vulgare* L.) und die Auswirkungen einer endophytischen bzw. pathogenen Infektion auf phenolische und terpenoide Inhaltsstoffe der Gerstenwurzel. Diplomarbeit, TU Braunschweig

Dellaporta, S.L., Wood, J. & Hicks, J.B. (1983): A plant DNA minipreparation: version II. Plant Molecular Biology Reporter 1: 19-21

Dervall,B.J., Deakin, A.L. (1985): Assesment of Lr 20-gene-specifity of symptom elicitation by intercellular fluids from leafrust infected wheat leaves. Physiological Plant Pathology 27: 99-107

Dennis, R.W.G. (1981): British Ascomycetes. Cramer, Vaduz

Dickinson, C.H. (1971): Cultural studies of leaf saprophytes. In: Ecology of leaf surface microorganisms. Preece, T.F. & Dickinson, C.H. (eds.), AP, London, New York: 129-137

Dickinson, C.H. (1986): Adaptations of microorganisms to climatic conditions affecting aerial plant surfaces. In: Microbiology of the Phyllosphere. Fokkema, N.J. & Heuvel, J. van den (eds.), Cambridge University Press: 77-100

Dik, A.J., Fokkema, N.J. & Pelt, J.A. van (1992): Influence of climatic and nutritional factors on yeast population dynamics in the phyllosphere of wheat. Microbial Ecololgy 23: 41-52

Dillon, V.M., Davenport, R.R. & Board, R.G. (1991): Yeasts associated with lamb. Mycological Research 95: 57-63

Domsch, K.H., Gams, W. & Anderson, T.H. (1980): Compendium of soil fungi. Vol. 1, Academic Press, London

Dörfelt, H. & Hecklau, H. (1998): Die Geschichte der Mykologie. Einhorn–Verlag Eduard Dietenberger GmbH, Schwäbisch Gmünd

Dörfler, C. (1990): Vergleichende Untersuchungen zum biochemischen Aufbau der Zellwand an Hefestadien von niederen und höheren Basidiomyceten. Bibliotheca Mycologica, Band 129

Draeger, S. (1988): Hefe–/Mycel–Dimorphismus bei *Mycotypha microspora* (Mucorales): Charakterisierung und somatische Hybridisierung morphologischer Mutanten. Dissertation, TU Braunschweig

Dyckmans, A. (1986): Die Bedeutung des Weißklees (*Trifolium repens* L.) im Dauergrünland – sein Beitrag zur Ertragsleistung und Stickstoffversorgung bei abgestuft intensiver Nutzung. Dissertation, Universität Hohenheim

Edel, V. (1998): Use of PCR and RFLP in fungal systematics. In: Chemical fungal taxonomy. Frisvad, J.C., Bridge, P.D. & Arora, D.K. (eds.), Marcel Dekker, Inc., New York, Basel, Hong Kong: 1-17

Ellis, M.B. (1971): Dermatiaceous hyphomycetes. Commenwelth Mycological Institute, Kew, England

Ellis, M.B. (1976): More dermatiaceous hyphomycetes. Commenwelth Mycological Institute, Kew, England

Ellis, M.B. & J.P. Ellis (1997): Microfungi on land plants. An identification handbook. Enlarged edition. The Richmond Publishing Co. Ltd., England

Fisher, P.J., Anson, A.E. & Petrini, O. (1984): Antibiotic activity of some endophytic fungi from ericaceous plants. Botanica Helvetica 94: 249-253

Fisher, P.J. & Petrini, O. (1990): A comperative study of fungal endophytes in xylem and bark of *Alnus* species in England and Switzerland. Mycological Research 94: 313-319

Fisher, P.J., Petrini, O. & Lappin Scott, H.M. (1992): The distribution of some fungal and bacterial endophytes in maize (Zea mays L.). New Phytologist 122: 299-305

Flegel, T.W. (1977): Let's call a yeast a yeast. Canadian Journal of Microbiology 23: 945-946

Fokkema, N.J. (1981): Fungal leaf saprophytes, beneficial or detrimental? In: Microbial ecology of the phylloplane, Blakeman, J.P. (ed.), AP, London, New York: 433-454

Fokkema, N.J., Houter, J.G. den, Kosterman, Y.J.C. & Nelis, A.L. (1979): Manipulation of yeasts on field–grown wheat leaves and their antagonistic effect on *Cochliobolus sativus* and *Septoria nodorum.* Transaction of the British mycological Society 72: 19-29

Freeman, S. & Rodriguez, R.J. (1993): Genetic conversion of a fungal plant pathogen to a nonpathogenic, endophytic mutualist. Science 260: 75-78

Frisvad, J.C. Bridge, P.D. & Arora, D.K.(1998): Chemical fungal taxonomy. In: Chemical fungal taxonomy. Frisvad, J.C., Bridge, P.D. & Arora, D.K. (eds.), Marcel Dekker, Inc., New York, Basel, Hong Kong: 1-17

Gams, W. (1971): Cephalosporiumartige Schimmelpilze (Hyphomycetes), Gustav Fischer Verlag, Stuttgart

Gerlach, D. von (1977): Botanische Mikrotechnik. 2.Auflage, Thieme Verlag, Stuttgart

Gerlach, W. & Nirenberg, H. (1982): The genus *Fusarium* – pictorial Atlas. Mitteilungen aus der BBA, Kommissionsverlag Paul Parey, Berlin–Dahlem

Gibbons, N.E. (1974): Reference collections of bacteria – The need and requirements for type and neotype strains. In: Bergey´s Manual of Determinative Bacteriology, 8th edition, Buchanan, R.E. & Gibbons, N.E. (eds.), The Williams & Wilkins Co., Baltimore: 14-17

Golubev, W.I., & Boekhout, T. (1995): Sensitivity to killer toxins as a taxonomic tool among heteromycetous yeasts. Studies in Mycology 38: 47-58

Götz, M. (1991): Untersuchungen zur Wirt/Pathogen–Interaktion am System *Brassica oleracea/Mycospaerella brassicicola*. Diplomarbeit, TU Braunschweig

Götz, M. (1996): Zur vegetativen und generativen Entwicklung der obligat biotrophen Parasiten in den Pathosystemen *Triticum aestivum/ Blumeria graminis* und *Phaseolus vulgaris/Uromyces appendiculatus*. Dissertation, TU Braunschweig

Graham, J.H., Devine, T.E. & Hanson, C.H.(1976): Occurrence and interaction of three species of *Colletotrichum* on alfalfa in the mid–Atlantic United States. Phytopathology 66: 538-541

Gueho, E., Improvisi, L., Christen, R. & Hoog, G.S. de (1993): Phylogenetic relationships of *Cryptococcus neoformans* and some related basidiomycetous yeasts determinated from partial large subunit rRNA sequences. Antonie van Leeuwenhoek 63: 175-189

Guo, B.Z., Hendrix, J.W., An, Z.-Q. & Ferriss, R.S. (1992): Role of *Acremonium* endophyte of fescue on inhibition of colonization and reproduction of mycorrhizal fungi. Mycologia 84: 882-885

Guo, S.X., Fan, L., Cao, W.Q., Xu, J.T. & Xiao, P.G. (1997): *Mycena anoectochila* sp. nov. isolated from mycorrhizal roots of *Anoectochilus roxburghii* from Xishuangbanna, China. Mycologia 89: 952-954

Guske, S. (1995): Grundlegende Untersuchungen zur biologischen Bekämpfung der Ackerkratzdiestel *Cirsium arvense* (L.) Scop. Diplomarbeit, TU Braunschweig

Guske, S. Boyle, C. & Schulz, B.(1999): Eignen sich Endophyten als Mittler von spezifischen Krankheiten im Rahmen der biologischen Unkrautbekämpfung? Bielefelder Ökologische Beiträge, (in press)

Hämmerli, U.A., Brändle, U.E., Petrini, O. & McDermot, J.M.T. (1992): Differentiation of isolates of *Discula umbrinella* (teleomorph: *Apiognomonia errabunda*) from beech, chestnut, and oak using randomly amplified polymorphic DNA markers. Molecular Plant–Microbe Interactions 5: 479-483

Hagler, A.N. & Ahearn, D.G. (1987): Ecology in aquatic yeasts. In: The yeasts, Rose, A.H. & Harrison, J.S. (eds.), Vol. 1, 2nd ed., Academic Press Inc., London: 181-206

Harney, S.K., Rogers, S.O. & Wang, C.J.K. (1997): Molecular characterization of dematiaceous root endophytes. Mycological Research 101: 1397-1404

Harrigon, W.F. & Mc Cance, M.E. (1966): Laboratory methods in microbiology. Academic Press, London and New York

Harrington, F.A. (1998): Relationships among *Sarcoscypha* species: evidence from molecular and morphological characters. Mycologia 90: 235-243

Hawksworth, D.L. (1991): The fungal dimension of biodiversity: magnitude, significance and conservation. Mycological Research 95: 641-655

Hegenauer, R. & Hegenauer, M. (1996): Chemotaxonomie der Pflanzen. Bde. XIa, XIb-1, Leguminosae, Teil 1 und 2. Birkhäuser Verlag, Basel

Helander, M., Neuvonen, S. & Ranta, H. (1996): Natural variation and effects of anthrogenic environmental changes on endophytic fungi in trees. In: Endophytic fungi in grasses and woody plants. Redlin, S.C. & Carris, L.M. (eds.), American Phytopathological Society, St. Paul, Minnesota: 197-207

Henrion, B., Chevalier, G. & Martin, F. (1994): Typing truffle species by PCR amplification of the ribosomal DNA spacers. Mycological Research 98: 37-43

Henrion, B., Le Tacon, F. & Martin, F. (1992): Rapid identification of genetic variation of ectomycorrhizal fungi by amplification of ribosomal RNA genes. New Phytologist 122: 289- 298

Henson, J.M. (1993): The polymerase chain reaction and plant disease diagnosis. Annual Review of Phytopathology 31: 81-109

Hering, O. (1997): Charakterisierung und Differenzierung bei *Fusarium* Link mittels RAPD und ITS–RFLP. Mitteilungen aus der Biologischen Bundesanstalt für Land– und Forstwirtschaft Berlin–Dahlem. Dissertation, Humboldt–Universität Berlin

Hering, O., Nirenberg, H. I. & Deml, G.(1994): Charakterisierung phytopathogener Pilze mittels „Amplified rDNA restriction analysis“ (ARDRA). Jahresbericht Biologische Bundesanstalt für Land- und Forstwirtschaft Berlin + Braunschweig. Bundesministerium für Ernährung, Landwirtschaft und Forsten, Verlag Steinmeier, Nördlingen: 137-139

Holt, J.G. (1984): Bergey's Manual of Systematic Bacteriology. 9th ed. Williams & Wilkins. Baltimore, Hong Kong, London, Sydney

Hood, M.E. & Shew, H.D. (1996): Applications of KOH-aniline blue fluorescence in the study of plant-fungal interactions. Phytopathology 86: 704-708

Jahn, I. (1990): Grundzüge der Biologiegeschichte. UTB, Gustav Fischer Verlag, Jena

Janisiewicz, W.J., Peterson, D.L. & Bors, R. (1994): Control of storage decay of apples with *Sporobolomyces roseus*. Plant Disease 78: 466-470

Johnson, J.A. & Whitney, N.J. (1989). An investigation of needle endophyte colonization patterns with respect to height and compass direction in a single crown of balsam fir (*Abies balsamea*). Canadian Journal of Botany 67: 723-725

Kajan, E. (1988): Pilzkundliches Lexikon. Eichhorn-Verlag, Schwäbisch Gmünd

Karjalainen, R. (1996): Genetic relateness among strains of *Heterobasidion annosum* as detected by random amplified polymorphic DNA markers. Journal of Phytopathology 144: 399-404

Kehr, R.D. (1991): Pezicula canker of *Quercus rubor* L., caused by *Pezicula cinnamomea* (D.C.) Sacc. I.Symptoms and pathogenesis. European Journal of Forest Pathology 21: 218-233

Kendrick, B. (1987): Yeasts and yeast–like fungi – new concepts and new techniques. In: The expanding realm of yeast–like fungi. Hoog, G.S. de, Smith, M.T. & Weijman, A.C.M. (eds.), Elsevier Science Publishers, Amsterdam. Studies in Mycology, 30: 479-486

Kooke, R. (1987): Fungi, how I see them. In: The expanding realm of yeast–like fungi. Hoog, G.S. de, Smith, M.T. & Weijman, A.C.M. (eds.), Elsevier Science Publishers, Amsterdam. Studies in Mycology, 30: 8-12

Kowalski, T. & Holdenrieder, O. (1996): *Prosthemium asterosporum* sp. nov., a coelomycete on twigs of *Betula pendula*. Mycological Research 100: 1243-1246

Kowalski, T. & Kehr, R.D. (1995): Two new species of *Phialocephala* occuring on *Picea* and *Alnus*. Canadian Journal of Botany 73: 26-32

Kreger-van Rij, N.J.W. (1984): I. General classification of the yeasts. D. Principles of classification. In: The yeasts: a taxonomic study. 3rd ed., Kreger-van Rij, N.J.W. (ed.), Elsevier Science Publishers B.V., Amsterdam: 15-24 and 35-44.

Kreger-van Rij, N.J.W. (1987): Classification of yeasts. In: The yeasts. Vol. 1, 2nd ed., Rose, A.H. & Harrison, J.S. (eds.), Academic Press Inc., London: 5-61

Kreger-van Rij, N.J.W. & Veenhuis, M. (1971): A comparative study of the cell wall structure of basidiomycetous and related yeasts. Journal of General Microbiology 68: 87-95

Kuhls, K., Lieckfeldt, E., Samuels, G.J., Meyer, W., Kubicek, C.P. & Börner, T. (1997): Revision of *Trichoderma* sect. *Longibrachiatum* including related teleomorphs based on analysis of ribosomal DNA internal transcribed spacer sequences. Mycologia 89: 442-460

Kurtzman, C.P. (1984): DNA base sequence complementary and the definition of fungal taxa. Microbiological Science 1: 44-48

Kurtzman, C.P. (1987): Prediction of biological relatedness among yeasts from comparisons of nuclear DNA complmentary. In: The expanding realm of yeast-like fungi. Hoog, G.S. de, Smith, M.T. & Weijman, A.C.M. (eds.), Elsevier Science Publishers, Amsterdam. Studies in Mycology 30: 459-468

Kurtzman, C.P., Wickerham, L.J. & Hesseltine, C.W. (1970): Yeasts from wheat and flour. Myocologia 62: 542-547

Laaser, G. (1989): Vergleichende und systematische Studien an Basidiomycetenhefen unter besonderer Berücksichtigung der Hefestadien. Bibliotheca Mycologica 130, Cramer, Berlin, Stuttgart

Lachance, M.-A. (1982): Reaction of an ascomycetous yeast with diazonium blue B. Canadian Journal of Microbiology 28: 1194-1195

Laroche, A., Gaudet, D.A., Schaalje, G.B., Erickson, R.S. & Ginns, J. (1995): Grouping and identification of low temperature basidiomycetes using mating, RAPD and RFLP analyses. Mycological Research 99: 297-310

Last, F.T. (1955): Seasonal incidence of *Sporobolomyces* on cereal leaves. Transactios of the British mycological Society 38: 221-239

Latch, G.C.M. (1993): Physiological interactions of endophytic fungi and their hosts. Biotic stress tolerance imparted to grasses by endophytes. Agriculture, Ecosystems & Environment 44: 143-156

Lenné, J.M. (1992): *Colletotrichum* diseases of legumes. In: *Colletotrichum*: Biology, Pathology and Control. Bailey, J.A. & Jeger, M.J. (eds.), CAB International, Redwood Press Ltd., Melksham UK: 134-166

Leuchtmann, A. (1992): Systematics, distribution, and host specificity of grass endophytes. Natural Toxins 1: 150-162

Liew, E.C.Y., Maclean, D.J. & Irwin, J.A.G. (1998): Specific PCR based detection of *Phytophthora medicaginis* using the intergenic spacer region of the ribosomal DNA. Mycological Research 102: 73-80

Linz, U. & Degenhardt, H. (1990): Die Polymerase-Kettenreaktion. Naturwissenschaften 77: 515-530

Lopandic, K. Prillinger, H., Marquarding, I., Evans, H.C., Hagedorn, G. & Bauer, R. (1995): Comparative study of the cell wall carbohydrate composition of basidiomycetous yeasts. Poster, 50jähriges Jubiläum des Institutes für Angewandte Mikrobiologie der Universität für Bodenkultur, Wien

Luginbühl, M. & Müller, E. (1980): Untersuchungen über endophytische Pilze. II. Förderung der Samenkeimung bei *Hedera helix* durch *Aureobasidium pullulans* und *Epicoccum purpurascens*. Berichte der Schweizer Botanischen Gesellschaft 90: 262-267

Lumini, E., Bosco, M. & Fernandez, M.P. (1996): PCR–RFLP and total DNA homology revealed three related genomic species among broad-host-range *Frankia* strains. FEMS Microbiology Ecology 21: 303-311

Luz Herrero, M. & Snetler Klemsdal, S. (1998): Identification of *Phytium aphanidermatum* using RADP technique. Mycological Research 102: 136-140

Mack, P. (1989): Endophytische Pilze in Fichtennadeln. Dissertation, Ludwig-Maximilians-Universität München

Margulis, L. & Schwartz, K.V. (1989): Die fünf Reiche der Organismen. Spektrum der Wissenschaft–Verlagsgesellschaft, Heidelberg

Marquarding, I. (1992): Vergleich endophytischer Pilze in Nadeln von *Pinus sylvestris* L. aus unterschiedlichen Standorten. Diplomarbeit, TU Braunschweig

Mazzola, M., Wong, O.T. & Cook, R.J. (1996): Virulence of *Rhizoctonia oryzae* and *R. solani* AG-8 on wheat and detection of *R. oryzae* in plant tissue by PCR. Phytopathology 86: 354-360

McCutcheon, T.L., Carroll, G.C. & Schwab, S. (1993): Genotypic diversity in populations of a fungal endophyte from Douglas fir. Mycologia 85: 180-186

McLaughlin, D.J., Frieders, E.M. & Lü, H. (1995): A microscopist's view of heterobasidiomycete physiology. Studies in Mycolgy 38: 91-109

Mendez-Alvarez, S., Esteve, I., Guerrero, R. & Gaju, N. (1996): Genomic analysis of different *Chlorobium* strains by pulsed–field gel electrophoresis and ribotyping. International Journal of Systematic Bacteriology 46: 1177-1179

Menna, M.E. di (1959): Yeasts from leaves of pasture plants. New Zealand Journal of Agricultural Research 2: 394-405

Mercier, J. & Reedler, R.D. (1987): Effects of the pesticids maneb and carbaryl on the phylloplane microflora of lettuce. Canandian Journal of Microbiology 33: 212-216

Messner, R. & Prillinger, H. (1995): *Saccharomyces* species assignment by long range ribotyping. Antonie van Leeuwenhoek 67: 363-370

Metzenberg, R.L. (1991): Benefactor's lecture: The impact of molecular biology on mycology. Mycological Research 95: 9-13

Meyer-Roy, R. (1992): Untersuchungen zum Antagonismus von Rhizospaerenbakterien gegen bodenbürtige pathogene Mikroorganismen an Weizen (Triticum aestivum L.). Dissertation, TU Braunschweig

Mirza, J.H. & Cain, R.F. (1969): Revision of the genus *Podospora*. Canadian Journal of Botany 47: 1999-2048

Möller, E.-C. (1994): Diversität innerhalb antarktischer Pilzpopulationen und innerhalb der kosmopoliten antarktischen Pilzart *Chaunopycnis alba* W. Gams. Dissertation, TU Braunschweig

Möller, E.M., Schilling, A.G., Geiger, H.H. & Bahnweg, G. (1994): Identifizierung und Charakterisierung von Genotypen getreidepathogener *Fusarium*– Arten mit RAPD-Markern. Zeitschrift für Mykologie 60: 239-252

Moore, R.T. (1987a): Additions to the genus *Vanrija*. Bibliotheca Mycologica 108: 167-173

Moore, R.T. (1987b): Micromorphology of yeasts and yeast–like fungi and its taxonomic implications. In: The expanding realm of yeast–like fungi. Hoog, G.S. de, Smith, M.T. & Weijman, A.C.M. (eds.), Elsevier Science Publishers, Amsterdam. Studies in Mycology, 30: 203-226

Moore, R.T. (1997): Evolutionary advances in the higher fungi. Antonie van Leeuwenhoek 72: 209-218

Müller, B. (1989): Chemotaxonomische Untersuchungen an Basidiomycetenhefen. Dissertation, Eberhard-Karls-Universität Tübingen

Müller, E. & Loeffler, W. (1982): Mykologie. 4. Aufl., Thieme Verlag, Stuttgart, New York

Mullis, K.B. & Faloona, F.A. (1987): Specific synthesis of DNA in vitro via a polymerase-catalyzed chain reaction. Methods in Enzymology 155: 335-350

Nakase, T., Hamamoto, M., & Sugiyama, J. (1991): Recent progress in the systematics of basiomycetous yeast. Japanese Journal of Medical Mycology 32 (Suppl. 1): 21-30

Näveke, R. & Tepper, K.P. (1982): Eine Einführung in die mikrobiologischen Methoden. Gustav Fischer-Verlag, Stuttgart, New York

Newton, C.R. & Graham, A. (1994): PCR. Spektrum Akademischer Verlag, Heidelberg, Berlin, Oxford

Nishimura, S. Kohmoto, K., Otani, H., Ramachandran, P. & Tamura, F. (1982): Pathological and epidemiological aspekts of *Alternaria alternata* infection depending on a host-specific toxin. In: Plant infection: The physiological and biochemical basis, Asada, Y. et al. (eds.), Japan Science and Society Press, Tokyo, Springer-Verlag, Berlin: 199-214

Nout, M.J.R., Platis, C.E. & Wicklow, D.T. (1997): Biodiversity of yeasts from Illinois maize. Canadian Journal of Microbiology 43: 362-367

Oberwinkler, F. (1978): Was ist ein Basidiomycet? Zeitschrift für Mykologie 44: 13-29

Oberwinkler, F. (1987): Heterobasidiomycetes with ontogenetic stages – systematic and phylogenetic aspects. In: The expanding realm of yeast–like fungi. Hoog, G.S. de, Smith, M.T. & Weijman, A.C.M. (eds.), Elsevier Science Publishers, Amsterdam. Studies in Mycology, 30: 61-74

Okane, I., Nakagiri, A. & Ito, T. (1996): *Discostroma tricellulare*, a new endophytic ascomycete with a *Seimatosporium* anamorph isolated from *Rhododendron*. Canadian Journal of Botany 74: 1338-1344

Osche, G. (1994): Systematik. In: Herder–Lexikon der Biologie, Sauermost, R. (ed), Spektrum Akademischer Verlag. Heidelberg, Berlin, Oxford, Bd. 8: 142

Pastrik, K.-H. (1996): Differenzierung von Kartoffelnematoden (*Globodera spp.*) anhand amplifizierter DNA–Fragmente. Dissertation, TU Braunschweig

Pennycook, S.R. & Newhook, F.J. (1981): Seasonal changes in the apple phylloplane microflora. New Zealand Journal of Botany 19: 273-283

Peters, S., Dammeyer, B. & Schulz, B. (1998): Endophyte-host interactions. I. Plant defense reactions to endophytic and pathogenic fungi. Symbiosis 25: 193-211

Petrini, O. (1985): Wirtsspezifität endophytischer Pilze bei einheimischen Ericaceen. Botanica Helvetica 95: 213-238

Petrini, O. (1986): Taxonomy of endophytic fungi of aerial plant tissues. In: Microbiology of the phyllosphere. Fokkema, N.J. & Heuvel, J. van den (eds.), Cambridge University Press, Cambridge, London, New York : 175-187

Petrini, O. (1991): Fungal endophytes of tree leaves. In: Microbiology of the phyllosphere. Andrews, H.J. & Hirano, S.S. (eds.), Springer Verlag, New York: 179-197

Petrini, O. (1996): Ecological and physiological aspects of host-specifity in endophytic fungi. In: Endophytic fungi in grasses and woody plants. Redlin, S.C. &Carris, L.M. (eds.), American Phytopathological Society, St. Paul, Minnesota: 87-100

Petrini, O. & Carroll, G.C. (1981): Endophytic fungi in foliage of some Cuperessaceae in Oregon. Canadian Journal of Botany 59: 629-636

Petrini, O. & Müller, E. (1986): Die praktische Bedeutung der Endophytenforschung. Swiss Biotech 4: 11-14

Phaff, H.J. & Starmer, W.T. (1987): Yeasts associated with plants, insects and soil. In: The yeasts, Rose, A.H. & Harrison, J.S. (eds.), Vol. 1, 2nd ed., Academic Press Inc., London: 123-180

Phillips, J.M. & Hayman, D.S. (1970): Improved procedures for clearing roots and staining parasitic and vesicular–arbuscular mycorrhizal fungi for rapid assessment of infection. Transactions of the British mycological Society 55: 158-161

Rack, K. & Butin, H. (1984): Experimenteller Nachweis nadelbewohnender Pilze bei Koniferen. I. Fichte (*Picea abies*). European Journal of Forest Pathology 14: 302-310

Redecker, D., Thierfelder, H., Walker, C. & Werner, D.(1997): Restriction analysis of PCR–amplified internal transcribed spacers of ribosomal DNA as a tool for species identification in different genera of the order Glomales. Applied and Environmental Microbiology: 1756-1761

Roberts, R.G. (1990): Postharvest biological control of gray mold of apple by *Cryptococcus laurentii*. Phytopathology 80: 526-530

Robinson, D.G., Ehlers, U., Herken, R., Herman, B., Mayer, F. & Schürmann, F.-W. (1985): Präparationsmethodik in der Elektronenmikroskopie, 1.Aufl., Springer–Verlag, Berlin, Heidelberg

Rodrigues de Miranda, L. (1984): Genus 5. *Cryptococcus* Kützing emend. Phaff et Spancer. In: The yeasts, a taxonomic study. 3rd ed., Kreger-van Rij, N.J.W. (ed.), Elsevier Science Publishers B.V., Amsterdam: 845-872

Rodrigues de Miranda, L. & Bandoni, J.(1984): Systematic discussion of the yeast phase of the species of the Sirobasidiaceae and Tremellaceae. In: The yeasts, a taxonomic study. 3rd ed., Kreger-van Rij, N.J.W. (ed.), Elsevier Science Publishers B.V., Amsterdam: 546-555

Rohringer, R., Kim, W.K., Samborski, D.J. & Howes, N.K. (1977):
Calcofluor: an optical brightener for fluorescence microscopy of fungal plant parasites in leaves. Phytopathology 67: 808-810

Römmert, A.K. (1996): Vergleichende Untersuchungen zu Veränderungen der phenolischen Inhaltsstoffe der Lärchenwurzel (*Larix decidua* Mill.) nach Infektion eines endophytischen und eines pathogenen Pilzes sowie das Wachstumsverhalten von Pilz und Lärchenkallus in Dualkultur. Diplomarbeit, TU Braunschweig

Römmert, A.-K. Strack, D., Aust, H.-J. & Schulz, B.(1999): Verhalten sich Enodphyten unter N-Streß als Schwächeparasiten? Bielefelder Ökologische Beiträge, (in press)

Sambrook, J., Fritsch, E.F. & Maniatis, T. (1989): Molecular cloning. A laboratory manual, 2nd ed., Cold Spring Harbor Laboratory Press, New York

Schlegel, H.G. (1985): Allgemeine Mikrobiologie. 8. Auflage, Thieme Verlag, Stuttgart, New York

Schmeil, O. & Fitschen, J. (1982): Flora von Deutschland und seinen angrenzenden Gebieten. 87. Aufl., Quelle und Meyer, Heidelberg

Schrader, K. (1996): Taxonomische Charakterisierung von *Pezicula livida* (Berk.& Rehm), *Pezicula cinnamomea* (De Cand.) Sacc. und *Pezicula carpinea* (Pers.) Tul. durch RAPD-Analyse und Sekundärmetabolitspektrum. Diplomarbeit, TU Braunschweig

Schulz, B., Guske, S., Dammann, U. & Boyle, C. (1998): Endophyte-host interactions. II. Defining symbiosis of the endophyte-host interaction. Symbiosis 25: 213-227

Schulz, B., Draeger, S., Aust, H.-J., Krohn, K., Franke, C., Ludewig, C., Bahramsari, R., Roemer, E., Kliche-Spory, C., Beckmann, K., Biele, C., Droiges, K.-H., John, M., Götz, M. & Guske, S. (1999): Fungitoxische Metaboliten aus endophytischen und bodenbürtigen Pilzen. Poster, Dechema Symposium, 11. Irseer Naturstofftage der Dechema e. V., Irsee

Schulz, B., Sucker, J., Aust, H.J., Krohn, K., Ludewig, K., Jones, P.G. & Döring, D. (1995): Biologically active secondary metabolites of endophytic *Pecicula* species. Mycological Research 99: 1007-1015

Schulz, B., Wanke, U., Draeger, S. & Aust, H.J. (1993): Endophytes from herbaceous plants and shrubs: effectiveness of surface sterilization methods. Mycological Research 97: 1447-1450

Sieber, T. (1988): Endophytische Pilze in Nadeln von gesunden und geschädigten Fichten (*Picea abies* L. Karsten). European Journal of Forest Pathology 18: 321-342

Sieber, T. & Hugentobler, C. (1987): Endophytische Pilze in Blättern und Ästen gesunder und geschädigter Buchen (*Fagus sylvatica*). European Journal of Forest Pathology 17: 411-425

Sieber–Canavesi, F. & Sieber, T. (1988): Endophytische Pilze in Tanne (*Abies alba Mill.). Vergleich zweier Standorte im Schweizer Mittelland (Naturwald–Aufforstung). Sydowia 40: 250-273*

Silvestri, L. Turri, M., Hill, L.R. & Gilard, E. (1988): A quantitative approach to the systematics of actinomycetes based on overall similarity. Symposia of the Society for General Microbiology 12: 333-360

Sivanesan, A. (1984): The bitunicate ascomycetes and their anamorphs. Cramer, Vaduz

Smolka, S. (1992): Methoden zur In–vitro–Erfassung von Pflanzenschutzmittelwirkungen auf Mikroorganismen aus der Phyllosphäre. Nachrichtenblatt Deutscher Pflanzenschutzdienst 44: 252-264

Sneath, P.H.A. (1984): Bacterial Nomenclature. In: Bergey's Manual of Systematic Bacteriology. Holt, J.G. (ed.), 9th edition, Vol. 1, Williams & Wilkins. Baltimore, Hong Kong, London, Sydney: 19-23

Stone, J.K. (1987): Initiation and development of latent infections by *Rhabdocline parkeri* on Douglas–fir. Canadian Journal of Botany 65: 2614-2621

Stone, J.K. (1988): Fine structure of latent infections by *Rhabdocline parkeri* on Douglas–fir, with observations on uninfected epidermal cells. Canadian Journal of Botany 66: 45-54

Stone, J.K. (1995): Endophytes: Colonization patterns and life–history strategies. NOVO NORDISK Endophyte workshop, 27-28 March 1995

Stone, J.K. & Petrini, O.(1997): Endophytes of forest trees: a model for fungus-plant interactions. In: The mycota, Vol. 5, Part B, Carroll, G.C. & Tudzynski, P. (vol. eds.), Springer Verlag, Berlin/Heidelberg: 129-140

Stoyke, G., Egger, K. & Currah, R. (1992): Characterization of sterile endophytic fungi from the mycorrhizae of subalpine plants. Canadian Journal of Botany 69: 2009-2016

Sugiyama, J., Fukagawa, M., Chiu, S.-W. & Komagata, K. (1985): Cellular carbohydrate composition, DNA base composition, ubiquinone systems, and diazonium blue B color test in the genera *Rhodosporidium*, *Leucosporidium*, *Rhodotorula* and related basidiomycetous yeasts. Journal of General and Applied Microbiology 31: 519-550

Suh, S.-O. & Nakase, T. (1995): Phylogenetic analysis of the ballistosporous anamorphic genera *Udeniomyces* and *Bullera*, and related basidiomycetous yeasts, based on 18S rDNA sequence. Microbiology (Reading) 1414: 901-906

Suske, J. (1990): Kulturelle, ultrastrukturelle und immuncytochemische Untersuchungen über die Pilz–Wirt–Beziehung zwischen endophytischen Hyphen von Lophodermium pices (Fuckel) Höhn. und Fichtennadeln. Dissertation, Universität Bayreuth

Suske, J. & Acker, G. (1987): Internal hyphae in young, symptomless needles of *Picea abies*: electron microscopic and cultural investigation. Canadian Journal of Botany 65: 2098-2103

Suske, J. & Acker, G. (1989): Identification of endophytic hyphae of *Lophodermium picea* in tissues of green, symptomless Norway spruce needles by immunoelectron microscopy. Canadian Journal of Botany 67: 1768-1774

Sutton, B.C. (1980): The Coelomycetes: Fungi imperfecti with pyknidia, acervuli and stromata. Commenwelth Mycological Institute, Kew, England

Sutton, B.C. (1992): The genus *Glomerella* and its anamorph *Colletotrichum* In: *Colletotrichum*: Biology, Pathology and Control. Bailey, J.A. & Jeger, M.J. (eds.), CAB International, Redwood Press Ltd., Melksham UK: 1-25

Suzuki, M.T., Rappe, M.S., Haimberger, Z.W., Winfield, A., Adair, N., Ströbel, J. & Giovannoni, S.J.(1997): Bacterial diversity among small–subunit rRNA gene clones and cellular isolates from the same seawater sample. Applied and Environmental Microbiology: 983-989

Talbot, P.H.B. (1971): Principles of fungal taxonomy. Mamillan; London, Basingstoke.

Tooley, P.W., Carras, M.M. & Falkenstein, K.F. (1996): Relationship among group IV *Phytophthora* species inferred by restriction analysis of the ITS2 region. Journal of Phytopathology 144: 363-369

Tyler, B.M. (1993): To kill or not to kill: the genetic relationship between a parasite and an endophyte. Trends in Microbiology 1: 252-254

Uijthof, J.M.J. & Hoog, G.S. de (1995): PCR-ribotyping of type isolates of currently accepted *Exophiala* and *Phaeococcomyces* species. Antonie van Leeuwenhoek 68: 35-42

Vaneechoutte, M., Rossau, R., Vos, P. de, Gills, M., Janssens, D., Paepe, N., Rouck, A. de, Fiers, T., Claeys, G. & Kersters, K. (1992): Rapid identification of bacteria of the Comamonadaceae with amplified ribosomal DNA–restriction analysis (ARDRA). FEMS Microbiology Letters 93: 227-234

Varga, J., Vagvölgyi, C., Nagy, A., Pfeiffer, J. & Ferenczy, L. (1995): Isoenzyme, restriction fragment length polymorphism, and random amplified polymorphic DNA characterization of *Phaffia rhodozyma* Miller et al. International Journal of Systematic Bacteriology: 173-177

Vilgalys, R. & Hester, M. (1990): Rapid genetic identification and mapping of enzymatically amplyfied ribosomal DNA from several *Cryptococcus* species. Journal of Bacteriology : 4238-4246

Viret, O. & Petrini, O. (1994): Colonization of beach leaves (*Fagus sylvatica*) by the endophyte *Discula umbrinella* (teleomorph: *Apiognomonia errabunda*). Mycological Research 98: 423-432

Viret, O. Scheidegger, C. & Petrini, O. (1993): Infection of beach leaves (*Fagus sylvatica*) by the endophyte *Discula umbrinella* (teleomorph: *Apiognomonia errabunda*): low–temperature eletron microscopy studies. Canadian Journal of Botany 71: 1520-1527

Walt, J.P. van der (1987): The yeasts – a conspectus. In: The expanding realm of yeast–like fungi. Hoog, G.S. de, Smith, M.T. & Weijman, A.C.M. (eds.), Elsevier Science Publishers, Amsterdam. Studies in Mycology, 30: 19-31

Walt, J.P. van der & Yarrow, D. (1984): Methods for the isolation, maintenance, classification and identification of yeasts. In: The yeasts, a taxonomic study, 3rd ed., Kreger-van Rij, N.J.W. (ed.), Elsevier Science Publishers B.V., Amsterdam: 45-104

Waurich, K. (1995): Untersuchungen an Anaerobschlamm einer Abwasserreinigungsanlage mit besonderer Berücksichtigung der Exopolymere. Diplomarbeit, TU Braunschweig

Weber, H. (1993): Allgemeine Mykologie. Gustav Fischer Verlag. Jena-Stuttgart

Webster, J. (1983): Pilze. Springer-Verlag, Berlin-Heidelberg-New York

Weijmann, A.C.M. & Rodrigues de Miranda, L. (1988): Carbohydrate patterns of *Candida*, *Cryptococcus* and *Rhodotorula* species. Antonie van Leeuwenhoek 54: 535-543

Weijman, A.C.M., Rodrigues de Miranda, L. & Walt, J.P. van der (1988): Redefinition of *Candida* Boekhout and the consequent emendation of *Cryptococcus* Kützing and *Rhodotorula* Harrison. Antonie van Leeuwenhoek 54: 545-553

Welsh, J. & McClelland, M. (1990): Fingerprinting genomes using PCR with arbitray primers. Nucleic Acids Research 18: 7213-7218

White, J.F., Jr (1993): Endophyte-host associations in grasses. XIX. A systematic study of some sympatric species of *Epichloe* in England. Mycologia 85: 444-455

White, T.J., Bruns, T., Lee, S. & Taylor, J. (1990): Amplification and direct sequencing of fungal ribosomal RNA genes for phylogenetics. In: PCR protocols: A guide to methods and applications. Innis, M., Gelfand, D., Sninsky, J., White, T. (eds), Academic Press, Inc. & Harcourt Brace Jovanovich Publishers. New York: 315-322

Wiesmann, E. (1978): Medizinische Mikrobiologie. 4. Auflage. Thieme Verlag, Stuttgart

Williams, J.G.K., Hanafey, M.K., Rafalski, J.A. & Tingey, S.V. (1993): Genetic analysis using random amplified polymorphic DNA markers. Methods in Enzymology 218: 704-740

Williams, J.G.K., Kubelik, A.R., Livak, K.J., Rafalski, J.A. & Tingey, S.V. (1990): DNA polymorphisms amplified by arbitray primers are useful as genetic markers. Nucleic Acids Resesearch 18: 6531-6535

Williamson, B. (1994): Latency and quiescence in survival and success of fungal plant pathogens. In: Ecology of plant pathogens. Blakeman, J.P. & Williamson, B. (eds.), CAB International: 187-207

Wilson, D., Barr, M.E. & Faeth, S.H. (1997): Ecology and discription of a new species of *Ophiognomonia* endophytic in leaves of *Quercus emoryi*. Mycologia 89: 537-546

Wilson, D. & Carroll, G.C. (1994): Infection studies of *Discula quercina*, an endophyte of *Quercus garryana*. Mycologia 86: 635-647

Wink, M. (1993): Pflanzliche Sekundärstoffe und Insekten – vom Gift zur Mitgift. Bioforum 16: 360-365

Witthuhn, R.C., Wingfield, B.D., Wingfield, M.J., Wolfaardt, M. & Harrington, T.C. (1998): Monophyly of the conifer species in the *Ceratocystis coerulescens* complex based on DNA sequence data. Mycologia 90: 96-101

Wu, W., Sutton, B.C. & Gange, A.C. (1996): *Dactylaria endophytica* sp. nov., an endophyte from leaves of *Prunus lusitanica*. Mycological Research 100: 524-526

Wulf, A. (1990): Über die Bedeutung von *Dipldina acerina* (Pass.) Sutton und deren Blattpilzen als Antagonisten der Fenstergallmücke *Dasineura vitrina* Kffr. an Bergahorn (*Acer pseudoplatanus* L.). Nachrichtenblatt des Deutschen Pflanzenschutzdienstes 42: 97-102

Yamada, Y. & Kondo, K. (1973): Coenzyme Q system in the classification of the yeast genera *Rhodotorula* and *Cryptococcus*, and the yeast-like genera *Sporobolomyces* and *Rhodosporidium*. Journal of General and Applied Microbiology 19: 59-77

Yong, Z.R. & Hong, J. (1995): *Rhizomucor endophyticus* sp. nov., an endophytic zygomycete from higher plants. Mycotaxon 56: 455-466

Yurlova, N.A., Uijthof, J.M.J. & Hoog, G.S. de (1996): Distinction of species in *Aureobasidium* and related genera by PCR-ribotyping. Antonie van Leeuwenhoek 69: 323-329

A Anhang

A.1 Lösungen und Medien

A.1.1 Reaktionslösungen

Sämtliche Chemikalien wurden, wenn nicht anders vermerkt, von den Firmen Fluka, Neu–Ulm oder Merck, Darmstadt bezogen.

A.1.1.1 Pufferlösungen

- **Acetat–Veronal-Puffer**, für SEM:
  Stammlösung:

Natrium–Acetat	3 g	
Veronal–Natrium	2,9 g	Plano R 1110

  Mit aqua dest. wurde auf 100 ml aufgefüllt.

  Puffer:

Acetat–Veronal–Stammlösung	20 ml
0.1 M HCl	24 ml

  Mit aqua dest. wurde auf 100 ml aufgefüllt und der pH–Wert mit 0,1 mol/l HCl auf 7,0 eingestellt.

- **Mc Ilvaine–Extraktions–Puffer**, zur Apoplastenisolierung:
  nach Clark 1981

Na_2HPO_4 x 2 H_2O	0,2 mol/l	Lösung I
tri–Natriumcitrat x 2 H_2O	0,2 mol/l	Lösung II

  58 ml von Lösung I wurden mit 61,2 ml von Lösung II vereint, der pH–Wert lag bei 5,6. Zur Extraktion von Apoplastenflüssigkeit wurde die Pufferlösung mit aqua dest. im Verhältnis 1:40 gemischt.

- **Phosphat–Puffer (PBS)**: nach Clark 1981

KH_2PO_4	0,05 mol/l	Lösung I
Na_2HPO_4	0,062 mol/l	Lösung II

  388 ml von Lösung I und 612 ml von Lösung II wurden vereint und 3 g NaCl zugeben, der pH–Wert lag bei 7.

- **Proben–Puffer**, für Gelelektrophorese:
  50%iges Glycerin
  5 x TAE–Puffer
  0,3% Bromphenolblaulösung

- **Sörensen–Puffer**, für SEM: nach Clark 1981

KH_2PO_4	0,1 mol/l	Lösung I
Na_2HPO_4 x 2 H_2O	0,1 mol/l	Lösung II

  392 ml von Lösung I wurden mit 608 ml von Lösung II vereint, der pH–Wert lag bei 7.

- **Tris–Acetat–Puffer, 50fach, (TAE–Puffer)**, für Gelelektrophorese: nach Sambrook et al. 1989
  Stammlösung:

Tris–Base	242 g
CH_3COONa x 3 H_2O	136,1 g
EDTA x $2H_2O$	18,6 g
bidest. H_2O	1000 ml

  Die Lösung wurde mehrere Stunden gerührt bis sich alle Kristalle gelöst hatten. Der pH–Wert wurde auf 8,2 mit Eisessig eingestellt.

- **Tris–HCl–Natriumchlorid–EDTA–Puffer, 10fach, (TNE–Puffer)**, zur DNA–Fluoreszenzmessung: nach Sambrook et al. 1989

Tris–HCl (pH 8,0)	12,11 g
Na–EDTA (pH 8,0)	3,72 g
NaCl	58,44 g
aqua dest.	1000 ml

  Der pH–Wert wurde auf 7,4 mit 1 mol/l HCl eingestellt.

A.1.1.2 Farbstofflösungen

- **Basisches Anilinblau**, zur Fluoreszenzfärbung von Pilzen im Blatt: nach Hood & Shew 1996

K_2HPO_4	0.067M	
Anilinblau	0,05%	Roth 5750
pH 9,0		

  Es wurden 50 ml Phospatlösung hergestellt und 25 mg Anilinblau darin gelöst.

- **Diazonium–Blau–Lösung (DBB)**, zur Hefenidentifizierung: nach van der Walt & Yarrow

Diazonium–Blau	1 g	Serva 21283
Tris–Puffer 0.25 M, pH 7	1000 ml	

  15 ml Lösung wurde unmittelbar vor Verwendung frisch angesetzt und innerhalb von 30 Minuten, bevor Vergilbung eintrat, angewendet.

- **Farbstofflösung**, zur DNA–Fluoreszenzmessung:

Farbstoff Hoechst 33258 (1 g/l)	100 μl
1 x TNE–Puffer	1000 ml

- **Fluoresceindiacetat (FDA)**, zur Fluoreszenzfärbung von Pilzen: nach Clark (1981)
  Stammlösung:

Fluoresceindiacetat	5 g
Aceton	1000 ml

  Die Lösung konnte bei 0-4 °C über Monate aufbewahrt werden.

- **Milchsaures Anilinblau**, zur Pilzanfärbung: nach Clark 1983

Milchsäure	333 ml	
Anilinblau (0,5% in H_2O)	666 ml	Roth 5750

  Die Farbstofflösung ist geeignet, Hyphen und Sporen vieler Pilze im lichtmikroskopischen Bild besser sichtbar zu machen.

- **Trypanblau–Lactoglycerin**:
  Lactoglycerinlösung:

Milchsäure	333 ml
Glycerin	333 ml
aqua dest.	333 ml

  Trypanblau–Lösung:

Trypanblau	50 mg
Lactoglycerinlösung	1000 ml

  Die Lösung wurde zum Färben von Pilzmaterial verwendet. Lactoglycerin ersetzte das früher eingesetze, toxisch wirkende Lactophenol (Götz 1991).

A.1.1.3 Weitere Lösungen

- **Alkohol–Formaldehyd–Eisessig–Fixierer (AFE–Fixierer)**: nach Gerlach 1977

Ethanol (vergällt, 70%)	900 ml	Riedel-de Haen 24102
Formol (37%iges Formaldehyd)	50 ml	
Eisessig	50 ml	Riedel-de Haen 27222

- **Glutardialdehyd–Fixierlösung** (für TEM):

Glutardialdehyd (50% in H_2O)	40 ml	Plano R 1012
Acetat–Veronal–Puffer	960 ml	s. o.

- **Kalbsthymus, DNA–Stammlösung**, zur DNA–Quantitätsbestimmung:

Kalbsthymus–DNA	250 g
aqua dest.	1000 ml

  1 ml Lösung wurde hergestellt und im Kühlschrank aufbewahrt.

- **Ureasetest**, zur Hefenidentifizierung:
  (nach Christensen, 1946; in: Harrigon & Mc Cance, 1966)

Pepton	1,0 g
NaCl	5,0 g
KH_2PO_4	2,0 g
D-Glucose	1,0 g
Phenolrotlösung (0,2%)	6 ml
aqua dest.	1000 ml
Harnstoff	20 g
pH–Wert: 6,8	

  Das Phenolrot wurde in Wasser gelöst und durch einen Faltenfilter (Schleicher & Schuell, Dassel) gegeben, bevor es mit den übrigen Medienbestandteilen gemischt wurde. Wegen des hitzeempfindlichen Harnstoffs wurde die Lösung sterilfiltriert.

A.1.2 Nährmedien

Alle Medien wurden 20 Minuten im Autoklaven bei 121 °C und einem Überdruck von 100 kPa sterilisiert. Bei einigen Medien waren die pH–Werte einzustellen, bei den übrigen wurden sie für Vergleichszwecke gemessen.

- **Basismedium ohne Kohlenstoffquelle**, zum Test auf C–Quellen–Verwertung:

Yeast–Nitrogene–Base (YNB)	6,7 g	Difco 0392-15
aqua dest.	100 ml	
Agar	4,5 g	
aqua dest.	900 ml	

  Zunächst wurde ein 0,5% Wasseragar mit 900 ml Wasser hergestellt und autoklaviert. Die YNB–Lösung wurde sterilfiltriert und dem auf ca. 45 °C abgekühlten Agar zugegeben.

- **Biomalz–Agar**, zur Stammhaltung:

Biomalz	50,0 g	Kirner Vitabornwerk
Agar	12,0 g	
aqua dest.	1000 ml	
pH–Wert: 4,5 – 5,5		

- **Kartoffel–Glucose–Agar (PD–Agar)**, zur Hefenanzucht:
  (= Potato–Dextrose–Agar)

Kartoffeln	200,0 g
Glucose	20,0 g
Agar	12,0 g
aqua dest.	1000 ml

Die Kartoffeln wurden geschält und kleingeschnitten, mit einem Teil des Wassers ca. eine Stunde gekocht und durch drei Lagen Mull gepresst. Danach wurden Glucose, Agar und das restliche Wasser zugeben. Der pH–Wert wurde mit 1 mol/l HCl auf 5,6 eingestellt und das Medium autoklaviert.

- **Kartoffel–Möhren–Agar (KM–Agar)**, zur Sporulationsanregung:

Kartoffeln	20,0 g
Möhren	20,0 g
Agar	12,0 g
aqua dest.	1000 ml

Kartoffeln und Möhren wurden geschält und kleingeschnitten, mit einem Teil des Wassers ca. eine Stunde gekocht und püriert. Danach wurde das restliche Wasser zugeben, der pH–Wert mit 2 mol/l NaOH auf 6,5 eingestellten und autoklaviert.

- **Knop'sche Nährlösung (KNOP)** zur Anzucht von Kleepflanzen:

$Ca(NO_3)_2$ x 4 H_2O	1,0 g
$MgSO_4$ x 7 H_2O	0,25 g
KH_2PO_4	0,25 g
KNO_3	0,25 g
$FeSO_4$	Spuren
Spurenelemente SL 4	10 ml
aqua dest.	990 ml

→ **Spurenelemente SL 4**:

Tritiplex 3	0,5 g
$FeSO_4$ x 7 H_2O	0,2 g
$ZnSO_4$	0,01 g
$MnCl_2$ x 4 H_2O	0,003 g
H_3BO_3	0,03 g
$CoCl_2$ x 6 H_2O	0,02 g
$NiCl_2$ x 2 H_2O	0,002 g
$CuCl_2$ x 2 H_2O	0,001 g
Na_2MoO_4 x 2 H_2O	0,003 g
aqua dest.	1000 ml

- **Maismehl–Agar (M–Agar)**, zum Test auf Mycelbildung von Hefen:

Maismehl (Polenta)	40 g
aqua dest.	1000 ml
Maismehlfiltrat	1000 ml
Agar	12,0 g

pH–Wert: mit 1 M HCl auf 5,6 einstellen

Das Maismehl wurde 12 h in Wasser bei 60 °C quellen gelassen. Anschließend wurde filtriert, dem Filtrat Agar zugegeben und alles autoklaviert.

- **2%–Malzextrakt–Agar (ME–Agar)**, zur Pilzisolierung:

Malzextrakt	20,0 g	
Agar	12,0 g	
aqua dest.	1000 ml	
pH–Wert: 5,5		

→ **Antibiotikazusatz**:

Penicillin G (Kalium–Salz)	60,0 mg	Serva 31749
Streptomycin–Sulfat	80,0 mg	Serva 35500
Tetracyclin x HCl	50,0 mg	Serva 35866

Die Antibiotika wurden einzeln in einem Teil des Wassers gelöst, gemischt und anschließend sterilfiltriert (Cellulose–Acetat–Einmalfilter, Porendurchmesser 0,2μm, Nalge Company 190-2020) und dem autoklavierten, auf 50 °C abgekühlten Medium zugegeben.

- **Nitrat–Agar**, Test auf Nitratverwertung von Hefen:

KNO_3	1,4 g	
Yeast–Carbon–Base (YCB)	1,6 g	Difco 0391-15
Agar	12,0 g	
Bromthymolblau	0,12 g	
aqua dest.	1000 ml	
pH–Wert: 5,9 – 6,0		

- **Sabourands Glucose–Agar + (GPY)**, für Diazonium–Blau–Test:

Glucose	40,0 g
Pepton	20,0 g
Hefeextrakt	5,0 g
Agar	12,0 g
aqua dest.	1000 ml

- **Synthetischer Nähr–Agar (SN–Agar)**, zur Sporulationsanregung:

KH_2PO_4	1,0 g
KNO_3	1,0 g
$MgSO_4$ x 7 H_2O	0,5 g
KCl	0,5 g
Glucose	0,2 g
Saccharose	0,2 g
Agar	20,0 g
aqua dest.	1000 ml

- **Wasser–Agar mit Weißkleeblättern**, zur Sporulationsanregung:

Agar	15,0 g
Weißkleeblätter	20,0 g
aqua dest.	1000 ml

Die Blätter wurden mit ca. 100 ml aqua dest. im Mixer grob zerkleinert, Agar zugegeben, mit aqua dest. auf 1000 ml aufgefüllt und autoklaviert.

A.2 Physiologische Merkmale für Referenzstämme

Tab. A.1: Standardisierte Charakteristika ausgewählter Hefearten

Testergebnisse nach dem Yeast Identification Program (Barnett et al., 1990) für ausgewählte Hefen. Sie bildeten die Grundlage für die Identifizierungsvorschläge (Tab. 3.3). Merkmalsausprägungen: + = positiv; - = negativ; V = variabel; D = verzögert positiv; ? = ohne Angabe. Die mit einem * gekennzeichneten Tests wurden in der vorliegenden Untersuchung für endophytische Hefen durchgeführt.

Standardtest \ Hefeart	Bullera alba	Cryptococcus albidus	Cryptococcus curvatus	Cryptococcus humicolus	Cryptococcus hungaricus	Cryptococcus laurentii	Cryptococcus macerans	Fellomyces penicillatus	Rhodotorula aurantiaca	Rhodotorula foliorum	Rhodotorula glutinis	Rhodotorula graminis	Rhodotorula minuta	Rhodotorula mucilaginosa	Rhodosporidium diobovatum	Rhodosporidium toruloides	Sporidiobolus salmonicolor	Sporobolomyces antarcticus	Sporobolomyces roseus	Tremella encephala	Tremella foliacea	Trichosporon beigelii
*D-Glucose fermentation	-	-	-	-	-	-	-	-	-	-	-	-	-	-	-	-	-	-	-	-	-	-
D-Galactose fermentation	-	-	-	-	-	-	-	-	-	-	-	-	-	-	-	-	-	-	-	-	-	-
Maltose fermentation	-	-	-	-	-	-	-	-	-	-	-	-	-	-	-	-	-	-	-	-	-	-
Me alpha-D-glucoside fermentation	-	-	-	-	-	-	-	-	-	-	-	-	-	-	-	-	-	-	-	-	-	-
Sucrose fermentation	-	-	-	-	-	-	-	-	-	-	-	-	-	-	-	-	-	-	-	-	-	-
alpha,alpha-Trehalose fermentation	-	-	-	-	-	-	-	-	-	-	-	-	-	-	-	-	-	-	-	-	-	-
Melibiose fermentation	-	-	-	-	-	-	-	-	-	-	-	-	-	-	-	-	-	-	-	-	-	-
Lactose fermentation	-	-	-	-	-	-	-	-	-	-	-	-	-	-	-	-	-	-	-	-	-	-
Cellobiose fermentation	-	-	-	-	-	-	-	-	-	-	-	-	-	-	-	-	-	-	-	-	-	-
Melezitose fermentation	-	-	-	-	-	-	-	-	-	-	-	-	-	-	-	-	-	-	-	-	-	-
Raffinose fermentation	-	-	-	-	-	-	-	-	-	-	-	-	-	-	-	-	-	-	-	-	-	-
Inulin fermentation	-	-	-	-	-	-	-	-	-	-	-	-	-	-	-	-	-	-	-	-	-	-
Starch fermentation	-	-	-	-	-	-	-	-	-	-	-	-	-	-	-	-	-	-	-	-	-	-
D-Xylose fermentation	-	-	-	-	-	-	-	-	-	-	-	-	-	-	-	-	-	-	-	-	-	-
*D-Glucose growth	+	+	+	+	+	+	+	+	+	+	+	+	+	+	+	+	+	+	+	+	+	+
*D-Galactose growth	V	V	+	+	+	+	D	+	V	V	V	+	V	V	V	V	V	V	V	+	V	+
*L-Sorbose growth	V	V	V	+	V	V	V	V	V	-	V	V	V	V	V	V	V	V	V	V	V	V
D-Glucosamine growth	V	V	V	+	V	V	-	+	-	D	-	-	-	-	-	-	V	V	-	+	V	V
*D-Ribose growth	V	V	+	+	V	V	D	+	V	V	V	+	V	V	V	V	V	+	V	+	V	+
*D-Xylose growth	+	+	+	+	+	+	D	+	V	V	V	+	V	+	V	+	V	+	V	+	+	V
*L-Arabinose growth	+	+	V	V	+	+	+	+	V	V	V	V	+	V	V	V	V	+	-	+	V	V
*D-Arabinose growth	+	V	V	+	V	+	+	V	V	V	V	+	V	V	+	V	V	+	V	+	+	V
*L-Rhamnose growth	+	V	V	+	V	+	V	+	-	-	V	V	V	V	V	-	-	V	-	+	+	V
*Sucrose growth	+	+	+	+	+	+	+	+	V	-	+	+	+	+	+	+	V	+	+	+	V	V
*Maltose growth	+	+	V	+	+	+	+	+	V	-	+	V	V	V	+	+	V	+	+	+	V	V
*alpha,alpha-Trehalose growth	+	V	D	+	+	+	+	+	V	+	+	+	V	+	+	+	V	+	V	+	+	V
*Me alpha-D-glucoside growth	+	V	V	+	V	+	-	V	V	-	V	V	V	V	+	V	V	+	V	V	V	V
*Cellobiose growth	+	+	+	+	+	+	+	+	D	+	V	+	+	V	+	V	V	V	V	+	V	+

Fortsetzung Tab. A.1: Standardisierte Charakteristika ausgewählter Hefearten

Standardtest \ Hefeart	Bullera alba	Cryptococcus albidus	Cryptococcus curvatus	Cryptococcus humicolus	Cryptococcus hungaricus	Cryptococcus laurentii	Cryptococcus macerans	Fellomyces penicillatus	Rhodotorula aurantiaca	Rhodotorula foliorum	Rhodotorula glutinis	Rhodotorula graminis	Rhodotorula minuta	Rhodotorula mucilaginosa	Rhodosporidium diobovatum	Rhodosporidium toruloides	Sporidiobolus salmonicolor	Sporobolomyces antarcticus	Sporobolomyces roseus	Tremella encephala	Tremella foliacea	Trichosporon beigelii
*Salicin growth	+	V	+	+	V	V	+	D	V	V	V	V	V	V	+	V	V	V	V	+	V	V
*Arbutin growth	+	V	+	+	+	+	+	V	V	+	+	+	V	V	+	V	V	V	V	+	V	+
*Melibiose growth	+	V	-	+	V	+	V	D	-	-	-	-	-	-	-	-	-	+	-	D	-	V
*Lactose growth	V	V	+	+	V	+	V	V	-	D	-	-	V	-	-	-	-	+	-	+	-	+
*Raffinose growth	+	V	+	V	+	+	+	V	-	-	V	+	V	+	+	V	V	+	+	V	-	V
*Melezitose growth	+	+	V	V	+	+	+	+	V	-	+	-	+	V	+	+	V	+	+	+	V	V
*Inulin growth	V	-	-	V	-	V	V	-	-	-	V	V	-	-	D	V	-	-	-	-	-	-
*Starch growth	V	V	V	V	V	V	V	V	-	-	-	-	-	-	-	-	V	+	V	V	V	V
*Glycerol growth	V	V	+	V	V	V	V	D	V	V	V	+	+	V	V	V	V	+	V	V	V	V
*Erythritol growth	V	V	V	+	V	V	+	V	-	-	-	-	-	-	-	-	-	+	-	-	V	V
*Ribitol growth	V	V	V	+	V	V	V	+	V	V	V	+	V	+	V	+	V	V	V	V	V	V
*Xylitol growth	+	V	V	+	V	+	V	D	V	V	V	V	V	+	V	+	V	+	V	V	V	V
*L-Arabinitol growth	V	V	V	+	V	V	V	+	V	V	V	V	V	V	V	V	-	D	-	V	V	V
*D-Glucitol growth	V	+	+	+	+	V	+	V	V	+	V	+	V	V	+	V	+	V	V	V	+	V
*D-Mannitol growth	V	+	V	+	+	+	+	+	V	+	V	+	V	V	+	V	+	+	V	V	+	V
*Galactitol growth	V	V	D	V	+	+	-	+	-	-	V	V	V	V	-	V	-	V	-	D	V	V
*myo-Inositol growth	+	V	V	+	V	V	+	V	-	-	-	-	-	-	-	-	-	+	-	+	V	V
D-Glucono-1,5-lactone growth	V	V	V	+	V	V	+	+	V	V	V	+	V	+	+	+	V	+	V	+	+	V
*2-Keto-D-gluconate growth	+	+	+	+	+	+	+	+	V	+	V	V	V	V	+	-	-	+	-	+	+	+
*5-Keto-D-gluconate growth	V	V	+	+	?	+	+	?	V	?	-	-	V	-	?	-	-	-	?	?	?	?
*D-Gluconate growth	V	V	+	+	V	+	D	+	V	V	V	V	V	V	V	V	V	D	V	+	+	+
*D-Glucuronate growth	+	+	+	+	+	+	+	+	V	V	-	-	V	-	-	-	-	+	-	+	+	+
D-Galacturonate growth	V	V	-	V	V	V	V	?	V	+	V	-	-	V	V	V	-	?	-	?	?	-
DL-Lactate growth	V	V	V	+	V	V	V	V	-	D	V	V	V	V	-	V	V	+	V	V	D	+
Succinate growth	+	+	+	+	+	+	+	+	V	+	+	+	+	V	+	+	V	+	+	+	+	+
Citrate growth	+	V	+	+	V	V	+	+	V	+	V	+	V	V	+	V	V	+	V	+	V	V
Methanol growth	-	-	-	-	-	-	-	-	-	-	-	-	-	-	-	-	-	-	-	-	-	-
Ethanol growth	-	V	V	+	V	V	+	-	V	+	+	V	V	V	+	+	V	+	V	+	V	+
Propane 1,2 diol growth	V	V	V	V	-	V	-	?	V	D	V	V	V	V	V	V	V	?	V	?	?	V
Butane 2,3 diol growth	-	V	+	V	-	-	-	?	V	-	-	-	V	-	-	-	-	?	-	?	?	V
*Nitrate growth	-	+	-	-	-	-	+	-	+	+	+	+	-	V	+	+	+	+	V	-	-	-
Nitrite growth	-	+	V	V	V	V	+	-	+	+	+	+	-	V	+	+	+	+	V	-	-	V
Ethylamine growth	V	V	+	+	-	V	-	-	V	+	V	+	V	+	+	V	V	+	V	+	V	V
L-Lysine growth	+	V	+	+	V	V	V	V	V	V	V	V	V	V	V	V	V	+	V	V	V	+
Cadaverine growth	+	V	+	+	-	V	+	-	-	V	V	V	V	V	V	+	-	+	V	V	-	+
Creatine growth	-	-	-	-	-	-	-	-	-	-	-	-	-	-	-	-	-	-	-	-	-	-
Creatinine growth	V	V	-	-	V	V	-	-	-	V	-	-	-	-	-	-	-	-	-	-	-	V
Glucosamine (nitrogen) growth	V	-	-	V	-	V	-	+	-	-	-	-	-	-	-	-	-	?	-	+	-	V
Imidazole growth	-	-	-	-	-	-	-	-	-	-	-	-	-	-	-	-	-	?	-	-	-	-
Growth w/o vitamins	-	-	-	V	-	V	-	-	-	-	V	+	-	-	+	+	+	-	V	-	-	-
Growth w/o myo-Inositol	+	+	+	+	+	+	+	+	+	+	+	+	+	+	+	+	+	+	+	+	+	+
Growth w/o Pantothenate	+	+	+	+	+	+	V	+	V	+	+	+	+	+	+	+	+	+	+	+	+	+

Fortsetzung Tab. A.1: Standardisierte Charakteristika ausgewählter Hefearten

Standardtest \ Hefeart	Bullera alba	Cryptococcus albidus	Cryptococcus curvatus	Cryptococcus humicolus	Cryptococcus hungaricus	Cryptococcus laurentii	Cryptococcus macerans	Fellomyces penicillatus	Rhodotorula aurantiaca	Rhodotorula foliorum	Rhodotorula glutinis	Rhodotorula graminis	Rhodotorula minuta	Rhodotorula mucilaginosa	Rhodosporidium diobovatum	Rhodosporidium toruloides	Sporidiobolus salmonicolor	Sporobolomyces antarcticus	Sporobolomyces roseus	Tremella encephala	Tremella foliacea	Trichosporon beigelii
Growth w/o Biotin	+	V	V	+	V	+	-	V	+	V	+	+	+	+	+	+	+	+	+	+	+	V
Growth w/o Thiamin	-	-	+	V	-	V	-	-	-	-	V	+	-	-	+	+	+	-	V	-	-	-
Growth w/o Biotin & Thiamin	-	-	-	V	-	V	-	-	-	-	V	+	-	-	+	+	+	-	V	-	-	-
Growth w/o Pyridoxine	+	+	+	+	+	+	+	+	+	+	+	+	+	+	+	+	+	+	+	+	+	+
Growth w/o Pyridoxine & Thiamin	-	-	+	?	-	?	-	-	-	-	V	+	-	-	+	+	+	?	V	-	-	-
Growth w/o Niacin	+	+	+	+	+	+	+	+	+	+	+	+	+	+	+	+	+	+	+	+	+	+
Growth w/o PABA	+	+	+	+	+	+	+	+	+	+	+	+	V	+	+	+	+	+	+	+	+	+
*Growth at 25 C	+	+	+	+	V	+	+	+	+	+	+	+	+	+	+	+	+	+	+	+	+	+
*Growth at 30 C	V	V	+	V	V	V	-	V	V	-	V	+	V	+	+	+	+	+	V	+	V	V
*Growth at 35 C	-	V	V	V	-	V	-	-	-	-	V	-	V	V	V	+	V	V	-	-	-	V
*Growth at 37 C	-	-	-	V	-	V	-	-	-	-	V	-	V	V	-	V	-	V	-	-	-	V
*Growth at 40 C	-	-	-	-	-	-	-	-	-	-	-	-	-	-	-	-	-	-	-	-	-	V
0.01% Cycloheximide growth	V	-	V	V	V	V	-	+	-	V	V	+	V	V	+	V	+	V	V	V	V	V
0.1% Cycloheximide growth	-	-	V	V	-	V	-	+	-	-	V	+	-	V	+	-	+	-	-	-	-	V
1% Acetic acid growth	-	-	-	-	-	-	-	-	-	-	-	-	-	-	-	-	-	?	-	-	-	-
50% D-Glucose growth	V	-	-	-	-	V	-	-	-	-	V	V	-	V	V	V	-	-	-	-	-	V
60% D-Glucose growth	-	-	-	-	-	-	-	-	-	-	-	V	-	-	-	-	-	-	-	-	-	-
Starch formation	+	V	V	V	+	+	V	+	-	-	-	-	-	-	-	-	-	-	-	+	+	V
Acetic acid production	-	-	-	-	-	-	-	-	-	-	-	-	-	-	-	-	-	-	-	-	-	-
*Urea hydrolysis	+	+	+	+	+	+	+	+	+	+	+	+	+	+	+	+	+	+	+	+	+	+
*Diazonium Blue B reaction	+	+	+	+	+	+	+	+	+	+	+	+	+	+	+	+	+	+	+	+	+	+
*Pink colonies	-	-	-	-	+	?	+	-	?	-	+	+	+	?	+	+	?	?	?	?	-	-
*Budding cells	+	+	+	+	+	+	+	+	+	+	+	+	+	+	+	+	+	+	+	+	+	+
Lemon-shaped cells	-	-	-	-	-	-	-	-	-	-	-	-	-	-	-	-	-	-	-	-	-	-
Buds on stalks	-	-	-	-	-	-	-	+	-	-	-	-	-	-	-	-	-	-	-	-	-	-
Splitting cells	-	-	-	-	-	-	-	-	-	-	-	-	-	-	-	-	-	-	-	-	-	+
Filamentous	-	-	+	+	?	?	?	+	?	+	-	?	-	?	?	?	+	+	?	-	-	+
Pseudohyphae	-	-	+	?	?	?	?	+	?	+	-	?	-	?	?	-	?	-	?	-	-	-
Septate hyphae	-	-	-	+	-	?	-	-	-	-	-	-	-	-	?	?	+	+	?	-	-	+
Arthroconidia	-	-	-	-	-	-	-	-	-	-	-	-	-	-	-	-	-	-	-	-	-	+
*Ballistoconidia	+	-	-	-	-	-	-	-	-	-	-	-	-	-	-	-	+	-	+	-	-	-
Symmetric ballistoconidia	+	-	-	-	-	-	-	-	-	-	-	-	-	-	-	-	-	-	-	-	-	-
Ascosporogenous	-	-	-	-	-	-	-	-	-	-	-	-	-	-	-	-	-	-	-	-	-	-
Ascospores round, oval or reniform	-	-	-	-	-	-	-	-	-	-	-	-	-	-	-	-	-	-	-	-	-	-
Ascospores cap-, hat- or walnut-shap	-	-	-	-	-	-	-	-	-	-	-	-	-	-	-	-	-	-	-	-	-	-
Ascospores needle-shaped or whip-lil	-	-	-	-	-	-	-	-	-	-	-	-	-	-	-	-	-	-	-	-	-	-
Club-shaped asci	-	-	-	-	-	-	-	-	-	-	-	-	-	-	-	-	-	-	-	-	-	-

Index

Danksagung

Vielen Dank sage ich allen, die mich auf vielfältige Weise bei dieser Arbeit unterstützt haben.

Herrn Prof. Dr. H.–J. Aust, meinem Mentor, danke ich für die Überlassung des Themas und die Übernahme des Referates, sowie für die Bereitstellung des Arbeitsplatzes am Institut für Mikrobiologie der TU Braunschweig. Ferner bin ich ihm dankbar für die gewährte Selbständigkeit bei der Durchführung der Arbeit, bei der Wahl der Zusammenarbeit mit anderen Instituten und der Beschaffung von notwendigen Materialien und vor allem für die Möglichkeit der langjährigen Mitarbeit im Institut.

Bei Frau PD Dr. C. Boyle möchte ich mich für die Übernahme des Korreferates herzlich bedanken. Ihre ständige Diskussionsbereitschaft und ihr Interesse am Fortgang der Arbeit gaben mir Mut, Begonnenes zu beenden.

Herr Dr. P. Hoffmann (DSMZ, Braunschweig) gab mir eine grundlegende Einführung in die Identifizierung von Hefepilzen, wofür ich besonders dankbar bin. Zudem unterstützte er mich bei den Arbeiten mit dem Identifizierungsprogramm (Barnett et al., 1990). Seine Diskussionsbereitschaft und Offenheit für meine nicht enden wollenden Fragen und die Versorgung mit Tips und Hinweisen zu aktueller Literatur waren äußerst wertvoll für mich.

Von Herrn Dr. W. Burgermeister (Inst. f. Pflanzenvirologie, Mikrobiologie und Biologische Sicherheit, BBA, Braunschweig) erhielt ich die Möglichkeit zur Einarbeitung in molekularbiologische Techniken und zur Durchführung sämtlicher PCR–Analysen der untersuchten Hefen. Ihm und allen Mitarbeitern dieser Arbeitsgruppe vielen Dank für die Unterstützung, insbesondere Frau E. Buchbach und Frau Dipl.–Biol. E. Graser, die mich in die Auswertung mit dem Programm MSTAT einführte.

Herrn Prof. Dr. Prillinger (Inst. f. Angewandte Mikrobiologie, Universität für Bodenkultur, Wien) danke ich für die Bestimmung von Zellwandzuckern einiger Hefen und für sein grundsätzliches Interesse an den Arbeiten mit endophytischen Pilzen.

Frau Dipl.–Biol. K. Schrader (AG Aust, Inst. f. Mikrobiologie, TU Braunschweig) gab mir Hilfestellungen bei den biochemischen Arbeitsweisen und Frau Dipl.–Biol. K. Waurich (AG Näveke, Inst. f. Mikrobiologie,TU Braunschweig) führte mich in die Arbeiten am Raster– und Elektronenmikroskop sowie im Photolabor ein, beiden sei herzlich gedankt.

Für die gute Zusammenarbeit bedanke ich mich bei allen Mitgliedern der Arbeitsgruppe Aust und des Institutes für Mikrobiologie. Insbesondere möchte ich dabei für die vielen Gespräche, fördernden Diskussionen und kritische Durchsicht des Manuskriptes Danke sagen bei Herrn Dr. S. Draeger, Frau Dr. M. Götz, Frau Dr. B. Schulz und Herrn Dipl.–Biol. S. Wagner.

Mein wichtigster Begleiter in dieser Zeit war mein Mann, J. Winkelmann, der half, die computertechnischen Probleme zu bewältigen, und ein ständiger und kritischer Diskussionspartner war. Dankbar bin ich ihm für seinen unerschütterlichen Zuspruch, ich könne nur gewinnen!